JN160578

最小位相状態に基づく線形制御系設計

都丸 隆夫

東京図書出版

はじめに

本書は線形連続時間系の制御システム設計法について，ひとつの統一的な方法を提示したものである。従来の最適制御系の設計においては，制御対象の微分方程式表現からえられる状態方程式について評価関数を設定してリカッチ方程式を解き閉ループの最適レギュレータを求めるのが標準的な手順であるといえよう。

本書は制御対象の伝達関数を最小位相関数とむだ時間特性などの全域通過関数で表わしたとき，位相おくれが最小である最小位相状態に基づく伝達関数の状態方程式モデルを提案して，制御系の設計方法を示したものである。

制御系設計において閉ループ特性と入出力特性を実現する実用上重要な２自由度系設計は従来必ずしも容易ではなかった。そこで本書では閉ループの還送差を最適性の指標として最小位相状態の制御器・観測器から成る最小位相状態制御系の構成を提案した。目標閉ループ特性を設定したときの閉ループの還送差が最適性を持つ条件を示し２自由度の最適制御系を可能としている。この２自由度最適制御系は安定なむだ時間系制御にも有効である。さらに全域通過関数について拡張逆関数を求めてフィードフォワード補償とするフィードフォワード制御系を構成して，両者を線形連続時間系全般の制御系設計の基本構成とする。

むだ時間系，逆応答系，多入出力むだ時間系など従来取扱い難しかった制御設計問題は，制御対象を最小位相状態と全域通過関数に分離することにより改善され，見通しのよい解法が可能になったと考える。設計計算は多項式代数方程式をもちいる多項式代数によるもので実施が容易で効率的である。

本書の前半の各章では基本事項と基礎的な例題を述べている。後半の各章では各種の制御システム構成の分野ごとの最小位相状態制御系を述べた。基本事項の記述が重複することがあるが各章それぞれで説明をまとめるためである。

制御システムの微分方程式表現の特徴の一つは内部状態と状態方程式を構成することである。この観点を伝達関数表現に取り入れることができれば，伝達関数表現の有効性の再発見になると考えられる。閉ループ系の最適化を伝達関数表現によって実現する本書の制御系設計法が，それを可能とするならば著者として幸甚である。

本書は著者が重工業メーカー定年退職後に，首都大学東京大学院システムデザイン研究科において研修および研究開発を行った結果をまとめたものである。

本書の内容について首都大学東京大学院 森 泰親 教授の校閲をいただきました。厚く御礼申し上げます。

目 次

第1章　序論

1.1　本書の制御系設計法の背景と位置づけ

従来，制御系設計においては２自由度系が重要とされ，フィードバック系の閉ループ特性と入出力特性の自由度をそれぞれ別個に設計することが行われてきた。フィードバック系において評価関数を設定して最適制御とすれば閉ループ特性の安定性を高めることができる。この場合閉ループの伝達特性は評価関数の最適制御設計の結果として与えられるが，逆に閉ループ特性を所与のものとして評価関数を定めることは一般には困難である。このため閉ループ特性を最適に設定する２自由度系は実用上必要とされるが制御設計は必ずしも容易ではない問題点があった。 また従来むだ時間制御系についてスミス法などによる位相進み補償が用いられているが，むだ時間系以外の非最小位相系の伝達特性の右半面零点に対しては近似的なものになる。非最小位相系がもつ伝達特性の右半面零点に対応する制御設計は一般には難しいという問題点があった。

本書では上記の制御系設計上の問題点にかんがみ，制御対象を最小位相関数と全域通過関数の組み合わせとしてモデル化し，最小位相関数の出力を最小位相状態と考える。最小位相状態のフィードバック系と，最適性をもった閉ループ特性を設定したときの２自由度系の設計方法を，最小位相状態観測器を用いた構成で検討して改良を図った。

さらに一般の非最小位相系の伝達特性の右半面零点に対応する全域通過関数について，拡張した逆関数を設定してフィードフォワード補償を行う構成を導入して，非最小位相系制御設計の改善を行った。

本章の序論では制御対象の伝達関数を，複素平面の左半面に零点をもつ最小位相関数と右半面に零点をもつゲイン１の全域通過関数の縦続接続として扱い，最小位相関数の出力を最小位相状態として，最小位相状態から全域通過関数を経て出力になる状態方程式表現をラプラス変換形について導入する。

本書の制御系設計の制御対象は時不変の線形連続時間系で入出力同数の場合とする。本書で提示する制御系設計方法の位置づけを制御系設計の方法，制御系性能の評価，内部状態の設定方法などについて示す。

1.1.1 制御系設計の方法

制御系設計の方法としては従来，伝達関数による古典制御理論としてPID制御[1][2]などがあり，現代制御理論としてR.E.Kalmanの状態フィードバック制御による最適制御，ロバスト性を重視したH_∞制御[3][4]などに分類するのが一般的である。

状態フィードバック制御では,微分方程式を基にした状態方程式表現による制御対象の内部状態を状態観測器により求め，これを用いた状態フィードバックによって制御目的を達成する。フィードバック制御は制御系の極配置を設計することができるが，制御対象に存在する零点を動かせないことは，よく知られた基本的性質である。このため むだ時間特性など特定の制御対象に対応した安定化制御ではフィードバックだけでは充分ではなく，スミス法およびそれを改良した方法など[5][6][28]それぞれ工夫が必要になっていた。

したがってむだ時間特性，逆応答特性などをもつ非最小位相系の制御系設計はフィードバック制御だけでは困難である。

古典制御理論，現代制御理論では制御対象をそれぞれ伝達関数，状態方程式で表している。フィードバック増幅器理論（H.W.Bode[7]）では，伝達関数を最小位相関数・全域通過関数に分解表現することが行われた。この全域通過関数のもつゲイン一定の性質はインナー・アウター分解として現代制御理論を発展させたH_∞制御理論[3][4]で用いられた。しかし他の一般の制御系設計には用いられなかったようである。

本書で提示する制御系設計法は，この最小位相関数・全域通過関数の分解表現を状態方程式として用いることにより，制御対象の様々な極零点配置に対応可能とするものである。

1.1.2　制御系性能の評価

制御系設計について目標とする制御性能は従来，制御系の安定化，最適性，ロバスト性があげられ，制御の分野としては，むだ時間制御，フィードフォワード制御あるいは予測制御 [13] [14] [15] [16] であるといえよう。

制御系設計に求められる性能は閉ループ特性の評価関数を用いた最適性，ロバスト安定性を中心に評価される。さらに予測制御機能，非干渉化補償機能などが求められる。

状態フィードバックの制御則は評価関数を満たすリカッチ方程式を解いて得られ，制御系の閉ループ応答特性が結果として定まる。しかし逆に閉ループ特性を与えたとき状態フィードバックの評価関数は必ずしも明確ではない。

本書で提示する最小位相状態制御では目標特性の閉ループ特性を設定したとき，多項式代数方程式（Diophantine 方程式）を解いて状態フィードバックと直列補償の制御則さらに対応する評価関数を求めることができる。閉ループ目標特性と状態フィードバックの評価関数の関係が一体的である特徴がある。

1.1.3　制御対象の内部状態の設定

制御対象の内部状態を表す状態とは，「入力系列が与えられたとき，以後の出力系列を与えることのできるプロセスの核となるベクトル量であって，状態は状態方程式と出力方程式を満たす」[9] [10] [11] ものである。可制御正準系では n 次の微分方程式を構成する n 次の積分器の出力が状態ベクトルである。状態ベクトルについての微分方程式から状態方程式と出力方程式がつくられる。微分演算を許容する場合には，1 入力 1 出力系では状態方程式のもつ入力と出力を逆転した系も可能で，状態方程式は可逆系である特徴をもつ。

補題 1.1. 可逆系

1 入力 1 出力系の伝達特性 $G(s)$ が可逆系で，微分演算を含めたとき出力 y から入力 u を安定して求められるならば，系の出力 y は内部状態の特性をもつ。

証明. 伝達特性$G(s)$が可逆系のとき，出力yから入力uを求めることができる。それ以外の入力uが与えられたとき出力yを核として，すべての入力uに対する伝達特性$G(s)$の出力系列を与える。したがって内部状態の条件を出力yは満たす。 □

状態フィードバック制御では制御系の補償要素は評価関数にかかわるリカッチ方程式を満たす解として定められ，内部状態とその観測器が対となって用いられる。制御対象の最小位相関数と全域通過関数の組み合わせを，状態方程式と出力方程式に対応させるならば，従来の状態フィードバック制御の考え方をこの制御対象の表現に取り入れ可能になると考えられる。

1入力1出力系が可逆ならば，ある時刻での出力yから入力系列uを一意的に求めることができる。したがって1入力1出力系の初期条件が与えれればある時刻での出力yは，ラプラス逆変換によってこの系の内部状態をすべて表すことが可能である。出力yが状態量である条件を満たす。

最小位相関数はその零点と極が複素平面の左半面にあるので，微分演算を許容すれば可逆である。したがって最小位相関数の出力は制御対象の内部状態を表す状態量である。最小位相関数は制御対象の状態方程式であり，全域通過関数は状態から制御対象の出力を与える出力方程式の構成に対応する。

定義 1.1. 最小位相状態

1入力1出力系の制御対象を最小位相関数と全域通過関数に分解したとき，最小位相関数の出力を最小位相状態（minimum-phase state）と定義し，制御対象の内部状態を表す状態量とする。 □

定義 1.2. 最小位相状態方程式

最小位相関数を状態方程式とし，全域通過関数を状態に縦続接続する出力方程式とする構成を最小位相状態方程式とする。 □

本書の最小位相状態制御では，スカラー量である制御対象の内部状態とその観測器が対となっている。補償要素が満たす関係は多項式代数方程式（Diophantine Equation）である。PID制御では入出力特性のみを使用して内部状態の概念はない。従来の状態フィードバック制御では総てを状態フィードバックによって行うので，特殊な制

表 1.1: 制御対象の内部状態の考え方

	内部状態	入出力特性
状態制御	○ 微分方程式・出力方程式表現（Kalman) による 微分方程式の積分器出力を状態とする 状態制御器 : 最適レギュレータ（Riccati 方程式） (Kalman) 状態観測器 : オブザーバ (Luenburger)	○
PID 制御	× 入出力特性を対象　内部状態はない	○
最小位相状態制御	○ 最小位相関数の出力を最小位相状態　全域通過関数を出力方程式とする 最小状態制御器：多項式代数により求める　還送差軌跡の最適性条件 最小状態観測器：多項式代数方程式（Diophantine 方程式）を解く	○

表 1.2: 伝達関数と状態方程式表現

伝達関数	状態方程式
最小位相関数・全域通過関数	最小位相状態方程式
最小位相関数と全域通過関数の縦続接続	最小位相状態が全域通過関数を経て出力となる 状態ベクトル：最小位相関数の出力 状態方程式：最小位相関数 出力方程式：全域通過関数

御対象に対応した特定的な制御では，それぞれ工夫が必要になっていた。むだ時間制御，非干渉化制御，フィードフォワードによる予測制御などである。これに対して直列補償と状態フィードバックの組合わせで制御を行えば，これらの特定的な制御でも，全域通過関数のゲイン一定という性質が生きて最小位相状態制御の基本構成をくずさずに実現できる特徴をもつ。

制御対象を最小位相関数・全域通過関数 [7] に分解した形で表した場合には，これらのむだ時間特性，逆応答特性などの特定の伝達特性を全域通過関数によって表示できる特徴がある。

本書では内部状態である最小位相関数の出力を，最小位相状態として状態観測器で観測値を求める。最小位相状態制御として，最小位相状態の観測値をフィードバック制御して閉ループの極配置を設計する。全域通過関数の零点配置はフィードバック制御では行うことができないので全域通過関数制御は，フィードフォワード制御によることになる。出力に表れる全域通過関数の影響が小さいときはフィードフォワード制御なしで最小位相状態フィードバック制御だけの場合もありうる。このように最小位相関数と全域通過関数を分離して内部状態を設計に用いることができれば，これらの特定の伝達特性をもつ系の制御が容易になると考える。

表 1.1 は制御対象の内部状態の考え方を示し，従来の状態制御，PID 制御と本書の最小位相状態制御とを対比したものである。

表 1.2 は制御対象の伝達関数と本書の最小位相状態および状態方程式表現との対応を示したものである。

1.2　最小位相状態制御系の構成

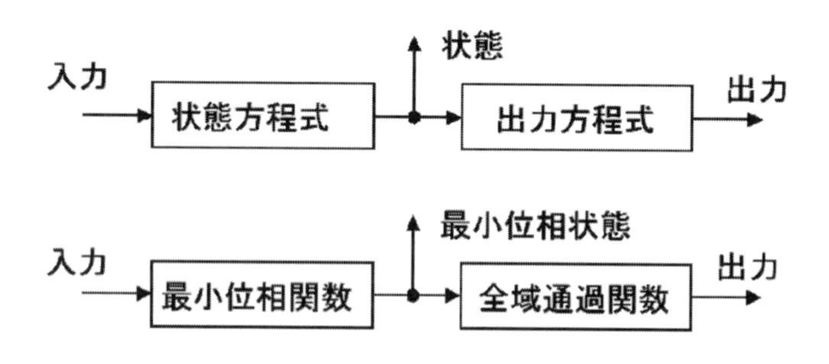

図 1.1: 最小位相状態・全域通過関数による状態方程式表現

制御対象の伝達関数を最小位相関数と全域通過関数に分解したとき，最小位相関数を最小位相状態を表す状態方程式に全域通過関数を出力方程式とする，制御対象の状態方程式表現を図 1.1 に示した。

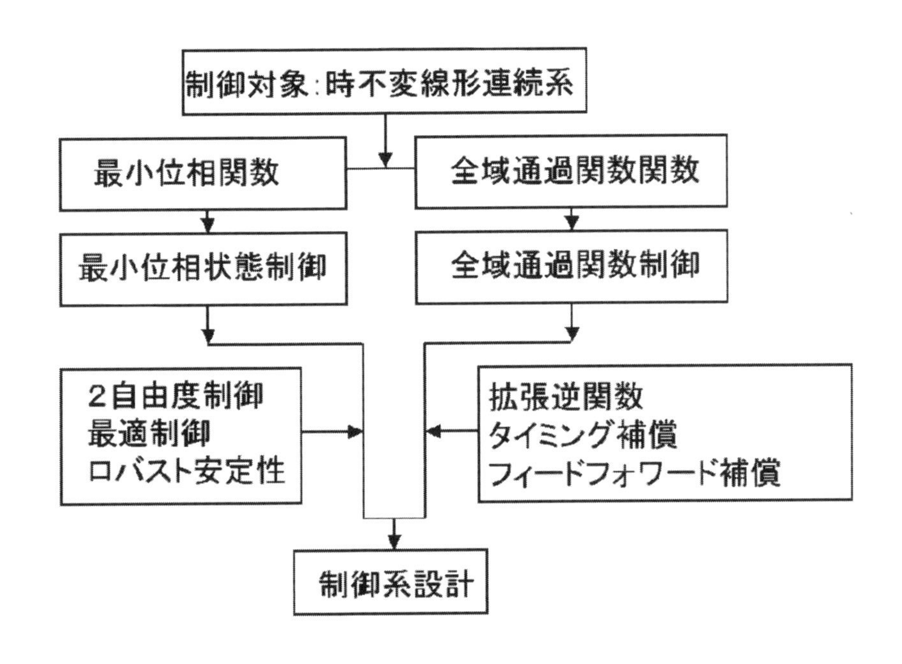

図 1.2: 最小位相状態制御・全域通過関数制御による制御系全体の構成

制御対象を最小位相状態と全域通過関数に分解して状態方程式を構成する。まず目標閉ループ特性を指定して最小位相状態を制御する最適制御系を設計する。さらに目標入出力特性設定して２自由度系構成とすることができる。制御された最小位相状態の値は出力方程式である全域通過関数を経て全体系の出力となる。最小位相状態制御器，同観測器，２自由度系の補償要素が組み込まれる。これらは最適性とロバスト安定性の条件を満たす必要がある。

制御対象の個別的特徴は全域通過関数に表れる。最小位相状態から全域通過関数を経て出力がえられる。全域通過関数を制御するためには全域通過関数の逆関数が必要であり，むだ時間を核とした拡張逆関数を導入する。核となるむだ時間をタイミング要素としたフィードフォワード補償が設計可能である。

制御対象を最小位相関数と全域通過関数に分解したとき，最小位相状態についての最適制御から最小位相状態制御系を構成する。そして全域通過関数については拡張逆関数を求めてフィードフォワード制御によって全域通過関数制御系として，あわせて線形連続時間系の制御系設計とする。この流れ図を図 1.2 に示した。

最小位相状態制御系は単独でも成立するが，全域通過関数制御系は最小位相状態制御系と合わせて併合制御系とする必要がある。

本書では，制御系設計法の妥当性を検証する１つの方法として数値例による具体的検証を行っている。

[数値例の検証方法]

文献に記載された従来法の数値例の制御対象モデルと制御方法を，制御系の入出力特性等をシミュレーション計算において，数値計算で再現できることを確かめる。次に同一の制御対象モデルについて本書の制御系設計法を適用する。本書の方法により制御系構成を行い，入出力特性等をシミュレーション計算する。そして同一の制御対象モデルに関して従来法と本書の制御系設計法のそれぞれの入出力特性等の特徴を比較検討して，制御系設計法の妥当性を具体的に検証する。 □

1.3　本書の内容構成

本章の序論につづき，２章では本書の最小位相状態制御系の基本構成となる最小位相状態制御器と状態観測器の構成を示す。制御器は入出力特性と閉ループ特性とを指定する２自由度制御系である。そして最小位相状態からのフィードバックによる閉ループが最適性をもつ条件とロバスト安定性の条件を導く。応答特性を指定したとき最適なフィードバック補償と直列補償を求める構成である。

逆応答特性やむだ時間特性は制御系設計を難しくする制御対象の典型的な特性として知られている。制御対象を最小位相関数と全域通過関数に分解したとき，これらの特性は全域通過関数に含まれる。

全域通過関数の特徴は零点に表れるのでフィードバック制御ではなくフィードフォワード制御に依ることになる。逆応答特性，むだ時間特性などの全域通過関数をどのように扱い制御すべきか，４章から６章に示す。

３章は最小位相状態制御系の設計例を示し，基本的な設計手順を説明する。

４章は最小位相状態制御によるむだ時間制御系を示す。むだ時間を表す全域通過関数を最小位相状態と分離して扱うことで，安定なむだ時間制御が行えることを示す。最小位相状態制御と組み合わせるとき閉ループの安定性へむだ時間が及ぼす影響が大幅に減少する効果が生ずる。

５章は最小位相状態制御と組み合わせた逆応答制御系を示す。制御対象の逆応答特性は全域通過関数に表れるので，全域通過関数制御によって逆応答制御を行う。全域通過関数から拡張した形の逆関数を求めて，拡張逆関数と予測時間であるむだ時間を設けることにより，フィードフォワード補償が可能になり，全域通過関数の影響を除くことができる。

６章は入出力同数の多入出力逆応答系について，最小位相状態制御系と組み合わせた逆応答制御系を示す。制御対象の伝達関数行列の骨格行列に着目して非干渉化のための逆関数行列を算出する。非干渉化補償器を伝達関数行列に施すと並列系になるので，各チャンネルに最小位相状態制御を施す。更に最小位相状態制御と逆応答制御を組み合わせた多入出力逆応答制御系を示す。

７章では伝達関数行列表現での，多入出力むだ時間制御系の設計法とフィードフォワード補償の有効性を示す。骨格行列を用いて非干渉化されたむだ時間をもつ各スカラー系に，最小位相状態観測器からのフィードバック補償とさらにフィードフォワード補償を行うむだ時間制御系構成を求める。

８章は本書の結論とまとめを示す。

参考文献は各章ごとの参考文献をまとめたものである。

第2章　最小位相状態制御系の最適性とロバスト安定性

2.1　はじめに

制御対象の実機特性が変動して設計モデルからある程度の偏差が生じても，制御系は安定でなければならず，このようなロバスト安定性を採り入れた制御系設計が必要となる。H_∞ 制御は評価関数を介する高度なロバスト制御設計法 [17] であるが，適切な重み関数を設定することは必ずしも容易ではない。伝達関数法ではロバスト安定性への対応は，直接的ではあるが補償要素の経験的な調整として行われることが多い。

最適制御はその最適性 [18] によって，ロバスト安定性を保証する特徴 [19] [20] をもつ。そこで本章では，伝達関数表現における最適性とロバスト安定性について検討する。

本書では，制御対象の伝達関数がもつ最小位相関数 [7] [8] の出力に着目して制御対象の内部状態である最小位相状態（minimum-phase state）とする。そして最小位相状態の観測・制御系の構成と特性変動に対するロバスト性について述べる (2 節)。

閉ループの目標特性と制御対象の最小位相関数から偏差多項式（difference polynomial）を設定し、この偏差をフィードバック項とする偏差フィードバック系（difference feedback system）が最適性をもつことをカルマン方程式 [21] [22] を通じて示す (3 節)。そして補助多項式を取り入れたとき閉ループの偏差フィードバック系に等価な系として、最小位相状態観測・制御系 [23] [24] の構成 (4 節) が導かれ、最適性 (5 節) と 2 自由度系の設計 (6 節) が示される。

さらにロバスト安定性 [25] [26] は閉ループの相補感度関数の観点から状態観測器

に関わりをもつことが示される(7節)。数値例で偏差フィードバック系の最適性を示し、おくれ時間制御系の制御系設計からロバスト安定性を検討する(8節)。

2.2 問題の設定

不安定零点を持たない伝達関数は最小位相関数 (minimum phase function) であり，ゲイン特性が全周波数において 1 である安定な伝達関数は全域通過関数(all-pass function) といわれる。伝達関数は一般に最小位相関数と全域通過関数の積で表現 [7] される (ボーデの定理)。

従来、制御対象の伝達関数について分子多項式を 1 としたときの出力を部分状態（partial state）[11] と称しその状態の推定値を入出力から求めてフィードバックすることが行なわれた [11] 。この部分状態による方法は状態方程式表現を伝達関数がもつ多項式を用いて等価的に表わすと見ることができるが、設計法として広くは用いられなかったようである。

1 入力 1 出力線形系の入力 $u(s)$，出力 $y(s)$ の制御対象 $G(s)$ を最小位相関数 $G_m(s) = g_{mN}(s)/g_{mD}(s)$ と全域通過関数 $G_a(s) = g_{aN}(s)/g_{aD}(s)$ の直列接続モデル $G(s) = G_a(s)G_m(s)$ で表し，図 2.1 に示す。

最小位相関数は既約で厳密にプロパーとし，不安定極や積分要素をもつ場合も含める。全域通過関数 $G_a(s)$ は定数項 1 の同次有理多項式で，全域通過関数の $g_{aN}(s)$ と最小位相関数の $g_{mD}(s)$ は既約とする。おくれ時間要素 $\exp(-Ls)$ は全域通過関数であり，そのパデ近似形を用いる。伝達関数は原則として分母多項式を最高次の係数を 1 とするモニックな多項式で表す。

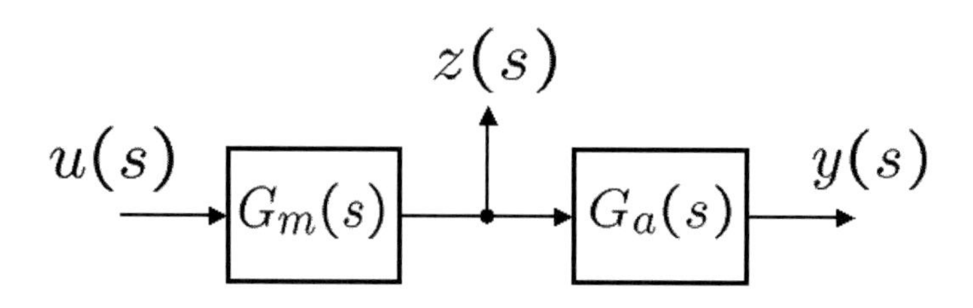

図 2.1: 制御対象の最小位相状態

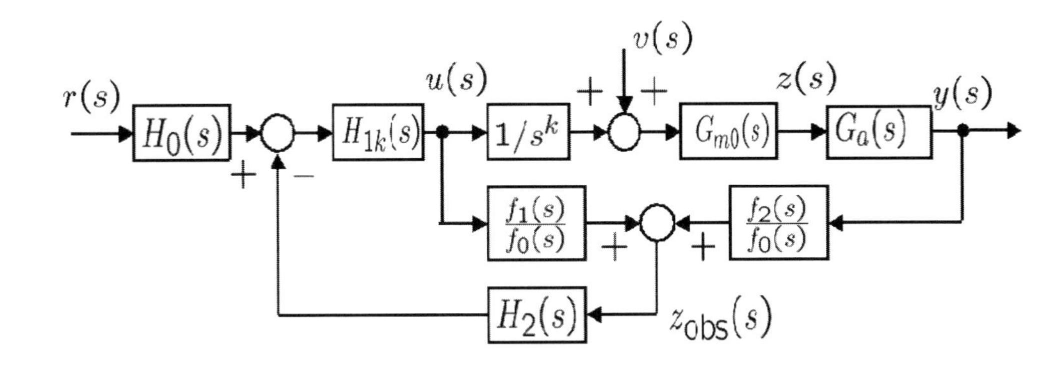

図 2.2: 最小位相状態観測・制御系の構成

制御対象そのものを対象の原系 $G_a(s)G_{m0}(s)$ とし，等価外乱 $v(s)$ が原系の入力端に加わり，積分補償要素 $1/s^k$ $(k = 1, 2)$ を前置する構成を設計モデル $G(s) = G_a(s)G_{m0}(s)(1/s^k) = G_a(s)G_m(s)$ とする。最小位相関数 $G_m(s)$ の出力を最小位相状態 $z(s)$ とし，最小位相状態を推定する最小位相状態観測器を設ける。

図 2.2 は観測値 $z_{\rm obs}(s)$ から状態フィードバックを行う観測・制御系の構成を示す。制御対象の操作入力 $u(s)$，出力 $y(s)$ から最小位相状態 $z(s)$ の観測値 $z_{\rm obs}(s)$ を求める観測器を構成する。観測器は補償要素 $f_1(s)/f_0(s)$，$f_2(s)/f_0(s)$ から成る。

制御対象の乗法的特性変動 $q_m(s)q_a(s)$ と加法的特性変動 $\delta_{ma}(s)$ を，ゲイン変動係数 k_q と変動おくれ時間 L_q[s] を用いて，次の表現で与える。

$$q_m(s)q_a(s) = k_q \exp(-L_q s) \tag{2.1}$$

$$\delta_{ma}(s) = -1 + q_m(s)q_a(s) \tag{2.2}$$

制御対象の実機特性として特性変動モデル $P_m(s)P_a(s)$ は設計モデル $G_m(s)G_a(s)$ から加法的特性変動により表されるものとする。

多項式の零点がどのように配置されるかが問題となるとき，n 次の多項式 $f(s)$ の零点を $\{z_{fi}\}$ $(i = 1, 2, ..., n)$ とし，固定した基本零点配置 $\{z_{f0i}\}$ と零点配置ゲイン k_{zf} から，$\{z_{fi}\} = \{k_{zf} \cdot z_{f0i}\}$ と表す。多項式 $f(s)$ の零点を調整するパラメータとして，零点配置ゲイン k_{zf} を用いる場合がある。

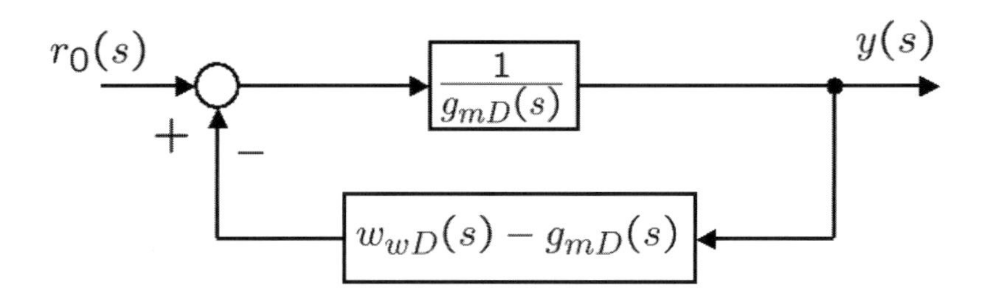

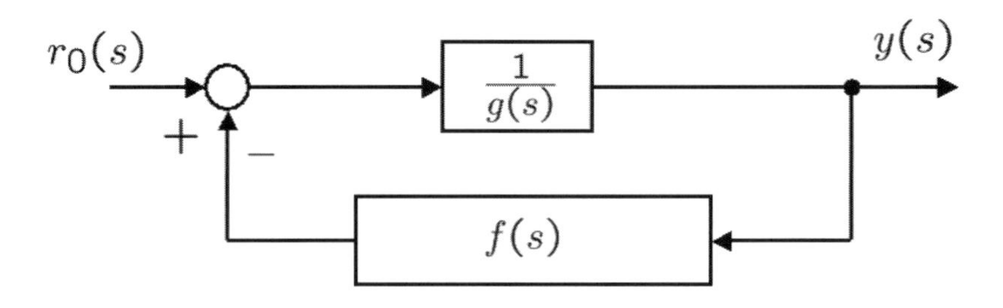

図 2.3: 偏差フィードバック系の構成：$f(s)$ と $g(s)$ および $w_{wD}(s)$ と $g_{mD}(s)$ の組合せ

2.3 偏差フィードバック系の最適性

偏差フィードバック系

制御対象を最小位相関数 $1/g(s)$ とし，直列補償要素 1 とフィードバック要素 $f(s)$ をもち，入出力をそれぞれ $r_0(s)$，$y(s)$ としたフィードバック系においてその目標入出力特性を $1/w_{wD}(s)$ として，

$$g(s) = g_{mD}(s) \tag{2.3}$$

$$f(s) = w_{wD}(s) - g_{mD}(s) \tag{2.4}$$

に設定した場合を偏差 $f(s)$ についての偏差フィードバック系（difference feedback system）とする。 □

２つの多項式 $g_{mD}(s)$，$w_{wD}(s)$ は同次で最高次係数 1 のモニックな多項式とし，偏差フィードバック $f(s)$ の次数を $g(s)$ の次数から 1 減ずる。偏差フィードバック系は，

閉ループの一巡伝達関数が

$$L(s) = f(s)/g(s) = \frac{w_{wD}(s) - g_{mD}(s)}{g_{mD}(s)} \tag{2.5}$$

$$1 + L(s) = \frac{w_{wD}(s)}{g_{mD}(s)} \tag{2.6}$$

であることから，目標値に等しい入出力特性

$$\frac{y(s)}{r_0(s)} = \frac{1}{w_{wD}(s)} \tag{2.7}$$

をもつ。その構成を図 2.3 に示す。

定理 2.1. 偏差フィードバック系の最適性

偏差フィードバック系の多項式 $g_{mD}(s)$，$w_{wD}(s)$ からえられる，次の $\Delta(\omega^2)$ の係数がすべて正値ならば，偏差フィードバック系は最適性をもつ。

$$\Delta(\omega^2) = w_{wD}(-j\omega)w_{wD}(j\omega) - g_{mD}(-j\omega)g_{mD}(j\omega) \tag{2.8}$$

このとき最適性に対応する評価関数行列 Q の対角項 q_{ii} は正値であって，カルマン方程式

$$\begin{aligned}&(1 + \frac{f(-s)}{g(-s)})(1 + \frac{f(s)}{g(s)}) = \\ &1 + (1/r)\frac{[1, -s, ..., s^{(n-1)}]}{g(-s)}Q\frac{[1, s, ..., s^{(n-1)}]}{g(s)}\end{aligned} \tag{2.9}$$

を満たす。 □

証明. 偏差フィードバック系の還送差は

$$1 + L(s) = \frac{w_{wD}(s)}{g_{mD}(s)} \tag{2.10}$$

である。$\Delta(\omega^2)$ の係数がすべて正値ならば，

$$\| \frac{w_{wD}(j\omega)}{g_{mD}(j\omega)} \| = 1 + \frac{\Delta(\omega^2)}{g_{mD}(-j\omega)g_{mD}(j\omega)} \geq 1 \tag{2.11}$$

が成立する。$1 + L(j\omega)$ のナイキスト線図の軌跡が単位円板の内部に入らないので，偏差フィードバック系は最適性をもつ。これに対応して，次のカルマンの方程式

$$\begin{aligned}&(1 + f(-s)/g(-s))(1 + f(s)/g(s)) = 1 + (1/r)\cdot \\ &[b_0^T \mathrm{inv}(-sI - (A + b_0 f)]Q[\mathrm{inv}(sI - (A + b_0 f))b_0]\end{aligned} \tag{2.12}$$

から，評価関数行列 Q が存在して，対角項 q_{ii} がすべて正値となる。ここで

$$\mathrm{inv}(sI-(A+b_0f))b_0=(1/g(s))b_0 \tag{2.13}$$

なので，カルマンの方程式は (2.9) となり Q の代数的な解がえられる。 □

2.4 最適性をもつ最小位相状態観測・制御系の構成

偏差フィードバック系を実現するためには，補償要素をプロパーな要素とする必要がある。制御系の等価変換を導入して，実現可能な構成とする。

まず最小位相状態制御系を 2 自由度系として，目標入出力特性 $w_N(s)/w_D(s)$ および閉ループの目標特性 $1/w_{wD}(s)$ を設定する。制御対象 $g_{mN}(s)/g_{mD}(s)$ の次数が $\mathrm{deg}g_{mN}(s)=n_{mN}$，$\mathrm{deg}g_{mD}(s)=n_{mD}$ のとき，目標特性の多項式 $w_{wD}(s)$，$w_D(s)$ の次数を n_{mD} にとる。

補助多項式として次数がそれぞれ $n_{mD}-n_{mN}$，n_{mD} の 2 つの安定多項式 $c_N(s)$，$d(s)$ を用いて偏差フィードバック系を最小位相状態制御系に等価的に変換する。

補題 2.1. 最小位相状態制御器

制御対象が最小位相状態ならば，次の多項式方程式の解 $a(s)$，$b(s)$ をもちいて，

$$a(s)g_{mD}(s)+b(s)=c_N(s)(w_{wD}(s)-g_{mD}(s)) \tag{2.14}$$

偏差フィードバック系に対応する最小位相状態制御系を構成できる。すなわち，直列補償要素 $H_{1k}(s)$，フィードバック補償要素 $H_2(s)$ および目標値入力補償要素 $H_0(s)$ を設定して，

$$H_{1k}(s)=\frac{h_{1kN}(s)}{h_{1kD}(s)}=\frac{d_0(s)}{(c_N(s)+a(s))g_{mN}(s)} \tag{2.15}$$

$$H_2(s)=\frac{h_{2N}(s)}{h_{2D}(s)}=\frac{b(s)}{d_0(s)} \tag{2.16}$$

$$H_0(s)=\frac{h_{0N}(s)}{h_{0D}(s)}=\frac{w_N(s)w_{wD}(s)}{w_D(s)}\frac{c_N(s)}{d_0(s)} \tag{2.17}$$

とする。閉ループ制御の目標値 $r_0(s)$ および入出力制御の目標値 $r(s)$ について操作量 $u(s)$ を

$$\begin{aligned} r_0(s) &= H_0(s)r(s) \quad (2.18) \\ u(s) &= H_{1k}(s)(r_0(s) - H_2(s)z(s)) \quad (2.19) \end{aligned}$$

にとるならば，閉ループの特性多項式の主要な零点は $w_{wD}(s)$ の零点と等しく，目標とする入出力特性がえられる。

$$\frac{y(s)}{r(s)} = G_a(s)\frac{w_N(s)}{w_D(s)} \quad (2.20)$$

□

証明. 最小位相関数 $g_{mN}(s)/g_{mD}(s)$ と補償要素 $H_{1k}(s)$，$H_2(s)$ による閉ループ特性は一巡伝達関数 $L(s)$ と還送差 $1 + L(s)$ について，

$$\begin{aligned} L(s) &= \frac{b(s)}{d_0(s)}\frac{g_{mN}(s)}{g_{mD}(s)}\frac{d_0(s)}{(c_N(s) + a(s))g_{mN}(s)} \quad (2.21) \\ &= \frac{b(s)}{(c_N(s) + a(s))g_{mD}(s)} \quad (2.22) \\ 1 + L(s) &= \frac{c_N(s)w_{wD}(s)}{(c_N(s) + a(s))g_{mN}(s)} \quad (2.23) \end{aligned}$$

であり，$c_N(s)$ と $a(s)$ の次数の差から $(c_N(s) + a(s))$ の主要項は $c_N(s)$ である。$c_N(s)$ の零点の絶対値が十分大きいとき，最小位相状態制御系の閉ループの特性多項式 $c_N(s)w_{wD}(s)$ の低周波領域にある主要な零点は $w_{wD}(s)$ の零点と等しい。

$$\begin{aligned} \frac{z(s)}{r_0(s)} &= \frac{d_0(s)}{c_N(s)w_{wD}(s)} \quad (2.24) \\ \frac{z(s)}{r(s)} &= H_0(s)\frac{d_0(s)}{c_N(s)w_{wD}(s)} = \frac{w_N(s)}{w_D(s)} \quad (2.25) \\ \frac{y(s)}{r(s)} &= G_a(s)\frac{w_N(s)}{w_D(s)} \quad (2.26) \end{aligned}$$

となるので補償要素 $H_0(s)$ により，全体系の入出力特性 $y(s)/r(s)$ は最小位相状態制御系の設定した目標特性と全域通過関数とに一致する。ここで補償要素 $H_{1k}(s)$ の添字 k はゲイン要素を含むことを意味する。□

【補助多項式 $c_N(s)$，$d_0(s)$ の選定基準】

$c_N(s)$，$d_0(s)$ の零点配置は $w_{wD}(s)$ の零点配置よりも十分大きく選ぶ。特に $c_N(s)$ は $w_{wD}(s)$ の $10 \sim 100$ 倍大きい高周波領域にある零点配置とする。 □

最小位相状態観測器を構成するために制御対象の主要な構成要素である $g_{aN}(s)/g_{mD}(s)$ について，次数 $(n_{mD}+n_{aN}-1)$ のモニックな安定多項式 $f_0(s)$ を設定する。

補題 2.2. 最小位相状態観測器制御対象の最小位相関数 $g_{mN}(s)/g_{mD}(s)$，全域通過関数 $g_{aN}(s)/g_{aD}(s)$ がもつ多項式 $g_{mD}(s)$，$g_{aN}(s)$ および観測器の多項式 $f_0(s)$ が互いに素であるとき，多項式方程式

$$f_{1p}(s)g_{mD}(s) + f_{2p}(s)g_{aN}(s) = f_0(s) \tag{2.27}$$

の解 $f_{1p}(s)$，$f_{2p}(s)$ から，次の多項式 $f_1(s)$，$f_2(s)$ を求める。

$$f_1(s) = f_{1p}(s)g_{mN}(s) \quad f_2(s) = f_{2p}(s)g_{aD}(s) \tag{2.28}$$

さらに観測器のフィルター $F_1(s)$，$F_2(s)$ を，

$$F_1(s) = \frac{f_1(s)}{f_0(s)} \quad F_2(s) = \frac{f_2(s)}{f_0(s)} \tag{2.29}$$

とすれば，$z_{\mathrm{obs}}(s)$ は $z(s)$ の最小位相状態観測値である。

$$z_{\mathrm{obs}}(s) = F_1(s)u(s) + F_2(s)y(s) \tag{2.30}$$

□

証明. 最小位相関数 $g_{mN}(s)/g_{mD}(s)$ については，プロパーではないが逆系が存在して，

$$u(s) = \frac{g_{mD}(s)}{g_{mN}(s)}z(s) \tag{2.31}$$

である。最小位相状態観測値と真値との比 $z_{\mathrm{obs}}(s)/z(s)$ は

$$\frac{z_{\mathrm{obs}}(s)}{z(s)} = \frac{f_{1p}(s)g_{mN}(s)}{f_0(s)}\frac{g_{mD}(s)}{g_{mN}(s)} + \frac{f_{2p}(s)g_{aD}(s)}{f_0(s)}\frac{g_{aN}(s)}{g_{aD}(s)} \tag{2.32}$$

である。(2.27) 式から，

$$\frac{z_{\mathrm{obs}}(s)}{z(s)} = \frac{f_{1p}(s)g_{mD}(s) + f_{2p}(s)g_{aN}(s)}{f_0(s)} = 1 \tag{2.33}$$

となり，最小位相状態観測値 $z_{\mathrm{obs}}(s)$ は真値 $z(s)$ に一致する。 □

2.5　最小位相状態観測・制御系の最適性

偏差フィードバック系の最適性が，偏差フィードバック系を等価的に変換した最小位相状態制御系および観測器をもつ最小位相状態観測・制御系においてどのように保持されるか示す。

定理 2.2. 最小位相状態制御系の最適性

閉ループ目標特性の多項式 $w_{wD}(s)$ が偏差フィードバック系の最適性の条件を満たすとき，補助多項式 $c_N(s)$ の零点配置が高周波数帯域にあるならば，最小位相状態制御系は最適性を保つ。□

証明. モニックな補助多項式 $c_N(s)$ の零点配置を高周波数帯域に設定したとき，最小位相状態制御系の補償要素 $H_0(s)$，$H_{1k}(s)$ および $H_2(s)$ から一巡伝達関数 $L_m(s)$，閉ループの還送差 $1+L_m(s)$ はそれぞれ，

$$L_m(s)=\frac{b(s)}{(c_N(s)+a(s))g_{mD}(s)} \tag{2.34}$$

$$1+L_m(s)=\frac{c_N(s)}{(c_N(s)+a(s))}\frac{w_{wD}(s)}{g_{mD}(s)} \tag{2.35}$$

である。還送差の大きさは，

$$\frac{c_N(0)}{c_N(0)+a(0)}\leq\left\|\frac{c_N(j\omega)}{c_N(j\omega)+a(j\omega)}\right\|\leq 1 \tag{2.36}$$

$$\|1+L_m(j\omega)\|\leq\left\|\frac{c_N(j\omega)}{c_N(j\omega)+a(j\omega)}\right\|\left\|\frac{w_{wD}(j\omega)}{g_{mD}(j\omega)}\right\| \tag{2.37}$$

となる。$\mathrm{deg}a(s)=\mathrm{deg}c_N(s)-1$ であるから，$c_N(s)+a(s)$ では $c_N(s)$ が主要項である。したがって，モニックな補助多項式 $c_N(s)$ の零点配置が高周波帯域に近付くならば，

$$\frac{c_N(0)}{c_N(0)+a(0)}\to 1 \tag{2.38}$$

$$\left\|\frac{c_N(j\omega)}{c_N(j\omega)+a(j\omega)}\right\|\to 1 \tag{2.39}$$

$$1+L_m(s)\to\frac{w_{wD}(s)}{g_{mD}(s)} \tag{2.40}$$

となる。偏差フィードバック系の最適性の条件は補助多項式 $c_N(s)$ の零点配置に応じて，最小位相状態制御系の高周波帯域においても成立する。□

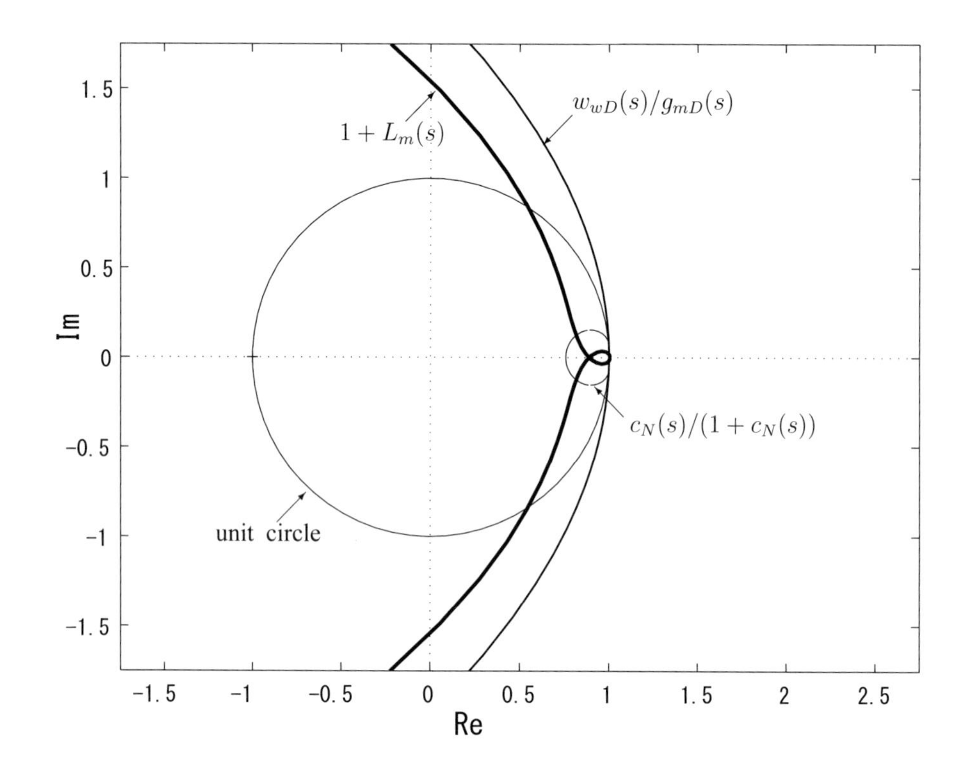

図 2.4: 帰還差の最適性と $c_N(s)$ の零点配置

図 2.4 に最小位相状態制御系の帰還差のナイキスト線図の一例を示す。帰還差の軌跡が単位円板の外にあることで，最適性を示している。$c_N(s)$ の零点配置が高周波帯域にあるときは，帰還差の軌跡が単位円板の外にある周波数範囲が拡大し，最小位相状態制御系が最適性をもつ範囲が増加する。

定理 2.3. 最小位相状態観測器をもつ場合の最適性

最小位相状態観測・制御系は，状態観測器と全域通過関数の周波数特性に依存して，最小位相状態制御系よりも低周波帯域において最適性をもつ。 □

証明. 最小位相状態観測・制御系の一巡伝達関数 $L_{ma}(s)$ は次のように表される。

$$H_{\rm obs}(s) = \frac{1}{1 + H_{1k}(s)H_2(s)F_1(s)} G_a(s)F_2(s) \tag{2.41}$$

$$L_{ma}(s) = L_m(s)H_{\rm obs}(s) \tag{2.42}$$

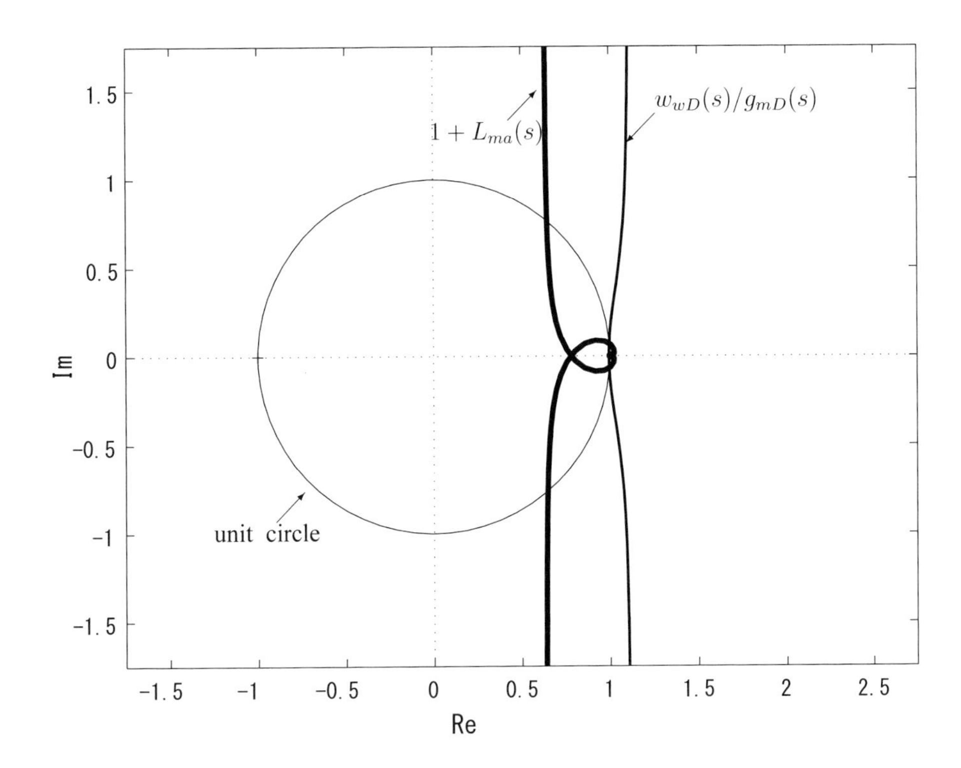

図 2.5: 帰還差の最適性への $c_N(s)$ の零点および観測器の制約

状態観測器と全域通過関数の影響を示す伝達特性 $H_{\mathrm{obs}}(s)$ は低域通過特性をもつ。還送差 $L_{ma}(s)$ が最適性を示す周波数範囲は最小位相状態制御系の還送差 $L_m(s)$ よりも，低周波帯域になる。 □

図 2.5 は最小位相状態観測・制御系の帰還差 $1+L_{ma}(s)$ のナイキスト線図の例を示す。軌跡が単位円板の外にある範囲の限定された低周波数帯域で，最小位相状態観測・制御系は最適性をもつ。観測値 $z_{\mathrm{obs}}(s)$ を用いると最適性をもつ高周波数帯域の範囲が減少する。

2.6　２自由度制御系の設計

最小位相状態制御系の補償要素は補題2.1で与えられ，２自由度制御系構成となっている。最小位相状態についての２自由度制御系の構成についてまとめてつぎに述べる。

制御対象の最小位相関数 $g_{mN}(s)/g_{mD}(s)$ について，伝達関数の分母多項式は最高次の係数を１とするモニックな多項式とする。

偏差フィードバック系は $1/g_{mD}(s)$ を制御対象，$(w_D(s)-g_{mD}(s))$ をフィードバック要素として構成される。フィードバック系の閉ループを最も安定な，円条件を満たす最適性をもつものにすることが偏差フィードバック系において可能となる。

偏差フィードバック系を実現可能な補償要素をもつ等価な系に変換したものが最小位相状態制御系である。実現可能なプロパー，安定な補償要素からなるフィードバック補償，直列補償要素を求めるのに，右半面零点をもつ安定でモニックな補助多項式 $c_N(s)$，$d_0(s)$ を用いる。

多項式方程式の解 $a(s)$，$b(s)$ から，

$$a(s)g_{mD}(s)+b(s)=c_N(s)(w_{wD}(s)-g_{mD}(s)) \tag{2.43}$$

偏差フィードバック系と等価的に対応する最小位相状態制御系を構成する。その結果，最小位相状態制御系の補償要素 $H_0(s)$，$H_{1k}(s)$，$H_2(s)$ が導かれて２自由度の最小位相状態制御系を構成できる。

２自由度制御系設計では設計パラメータとして閉ループの極配置を表す閉ループの目標入出力特性 $1/w_{wD}(s)$，全体系の目標入出力特性 $w_N(s)/w_D(s)$ の２つの入出力特性を独立に設定する。それぞれ閉ループの外乱抑制，全体系の目標値応答の制御仕様に合わせた設定である。

[２自由度系における最適制御の逆問題]

入出力特性を指定した上で最適制御特性をもたせる設計は最適制御の逆問題といわれる。最小位相状態制御系の設計は閉ループ特性を前提として与える最適制御の逆問題となっている。最小位相関数は逆関数が可能であり，それを制御対象とする最適制御の逆問題は実施が容易といえよう。

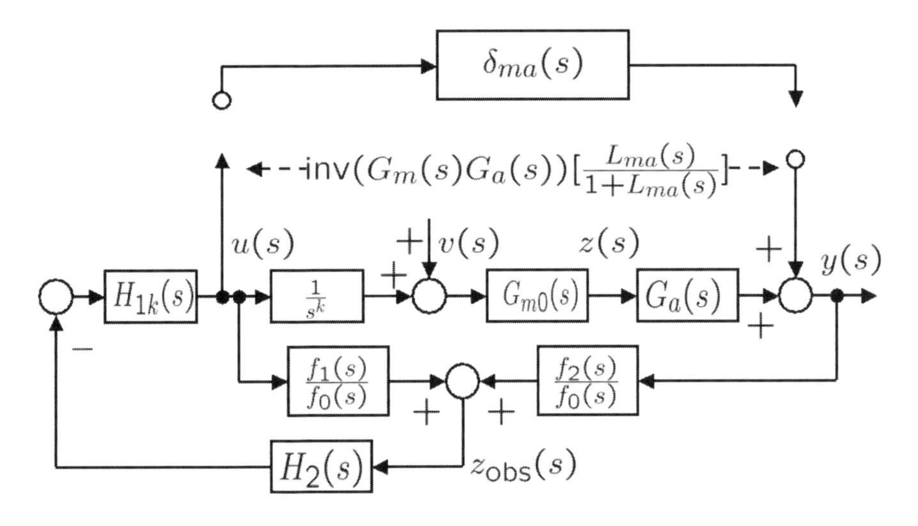

図 2.6: 状態観測・制御がある場合のロバスト安定性の閉ループ構造

2 自由度の最小位相状態制御系では，極配置を示す閉ループ特性の目標多項式 $w_{wD}(s)$ を指定する。このとき対応する偏差フィードバック系についてカルマンの最適性の制約条件式（2.9）が成立するならば，最小位相状態制御系のフィードバックループは最適レギュレータとなる。最適レギュレータについての還送差の円条件定理から低周波帯域において，最小位相状態制御系の閉ループの還送差の軌跡は安定性，ロバスト性を保証する円条件を満たす。全域通過関数を含む全体系では，最小位相状態制御系とは位相特性についてずれがあるが，基本特性であるゲイン特性は最小位相状態制御系の最適性をもつゲイン特性と一致する。

したがって 2 自由度系全体の位相特性は全域通過関数によって影響されるが，2 自由度系のゲイン特性は最小位相状態制御系の最適性に依存する安定性，ロバスト性をもっている。すなわち最小位相状態を用いた最適制御の逆問題の設計は 2 自由度系全体の安定性，ロバスト性に役立っていると考えられる。 □

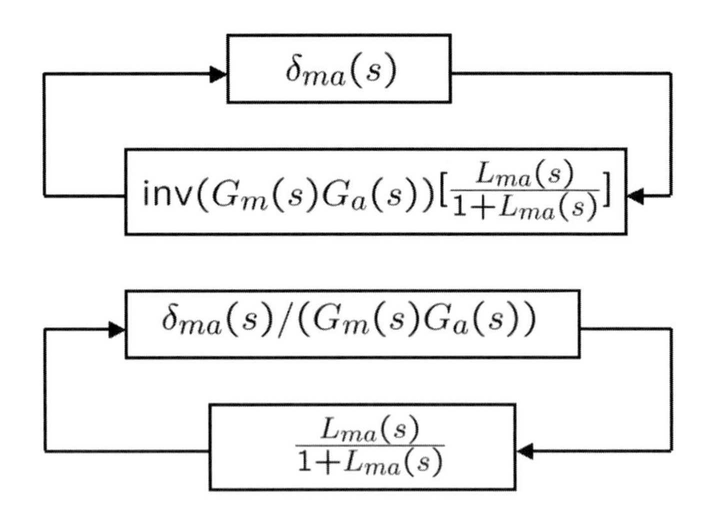

図 2.7: 加法的変動特性と相補感度関数による最小位相状態制御系のロバスト安定性の構造

2.7 最小位相状態観測・制御系のロバスト安定性

制御対象に加法的変動 $\delta_{ma}(s)$ があるときの閉ループのロバスト安定性を検討する。閉ループにスモールゲイン定理 [3] [33] を適用する。スモールゲイン定理は一巡伝達関数のゲイン最大値を 1 以下にして安定性につなげることを示すものである。

補題 2.3. 加法的変動特性についての閉ループ構造

制御対象への加法的特性変動を表す要素は，制御系構成の相補感度関数と閉ループ構造をなし，閉ループの安定性が，最小位相状態観測・制御系のロバスト安定性に対応する。 □

証明. 制御対象の入出力端に加法的特性変動が発生すると仮定する。加法的特性変動の要素と，制御対象の入出力端からみた制御系構成との間で閉ループが存在することは明らかである。閉ループの一巡伝達関数の安定性が，加法的特性変動に伴う全体系の安定性を示す。 □

加法的特性変動 $\delta_{ma}(s)$ に関連する閉ループ構造を図 2.6 に示す。閉ループ特性を調べるには相補感度関数が必要になる。

ブロック線図における信号の流れから，名目特性 $G_m(s)G_a(s)$ によって正規化した加法的特性変動 $\delta_{ma}(s)$ と相補感度関数 $L_{ma}(s)/(1+L_{ma}(s))$ とが閉ループを構成し，ロバスト安定性を示す閉ループになる。図 2.7 にロバスト安定性の閉ループを示す。

補題 2.4. 最小位相状態観測・制御系のロバスト安定性

制御対象の加法的特性変動と相補感度関数について，ゲイン特性が，

$$\|\frac{\delta_{ma}(s)}{G_m(s)G_a(s)}\| < \|\mathrm{inv}(\frac{L_{ma}(s)}{1+L_{ma}(s)})\| \tag{2.44}$$

ならば，位相特性に関わらず最小位相状態観測・制御系はロバスト安定である。相補感度関数と正規化された加法的特性変動のゲイン特性の差がロバスト安定性の余裕度を示す。 □

証明. ロバスト安定性に関する閉ループ特性から，最小位相状態観測・制御系の相補感度関数 $L_{ma}(s)/(1+L_{ma}(s))$ と加法的特性変動の正規化された値 $\delta_{ma}(s)/G_m(s)G_a(s)$ との積が閉ループの一巡伝達関数である。そのゲイン特性が 1 以下ならば，スモールゲイン定理によって，位相特性によらず制御系は安定である。この関係からロバスト安定性の (2.44) 式がえられる。 □

図 2.8 は加法的特性変動がノミナル値によって正規化された値 $\delta_{ma}(s)/G_m(s)G_a(s)$ と相補感度関数の逆関数を示し，両者のゲイン特性の差がロバスト安定性の余裕度を示す。

補題 2.5. ロバスト安定性の相補性

最小位相状態観測・制御系の制御特性とロバスト安定性とは相補的である。 □

証明. 最小位相状態観測・制御系の (外乱) 制御特性は感度関数 $1/(1+L_{ma}(s))$ によって決まり，ロバスト安定性は相補感度関数 $L_{ma}(s)/(1+L_{ma}(s))$ に依存し，両者の和は 1 である。ロバスト安定性と制御特性の関係は相補的で，一巡伝達関数 $L_{ma}(s)$ の周波数特性 (交差周波数) による。

一巡伝達関数 $L_{ma}(s)$ の周波数特性の (ゲイン 0dB との) 交差周波数を高周波帯域に選べば，制御特性は良くなるがロバスト安定性は劣化する。交差周波数を低周波

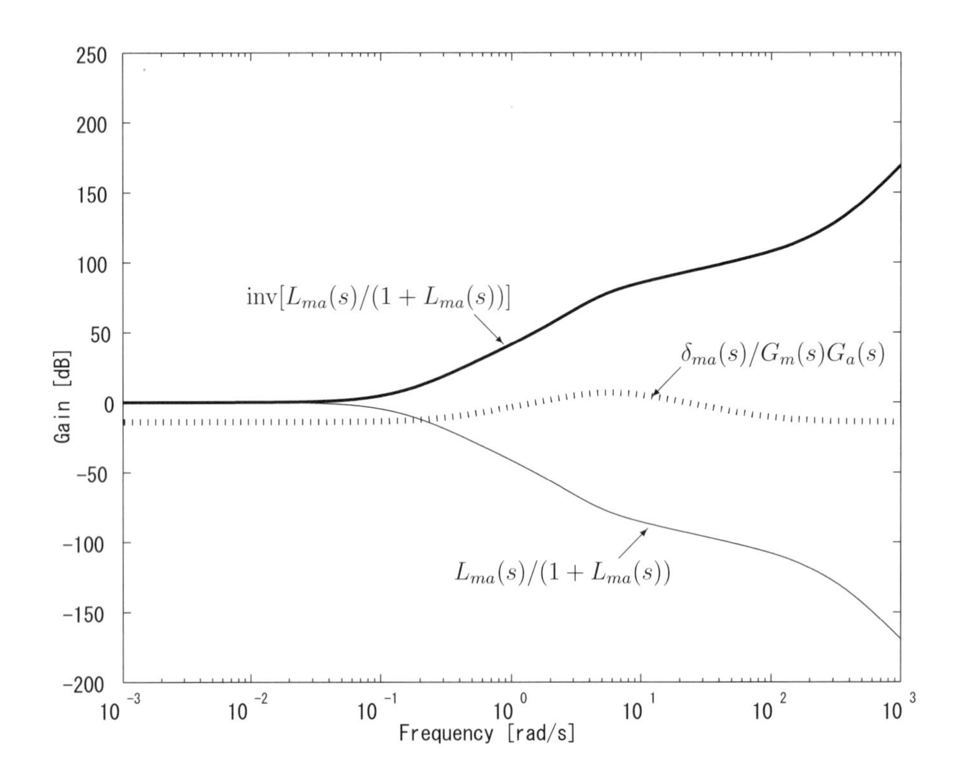

図 2.8: 最小位相状態観測・制御系のロバスト安定性の余裕度

帯域に選べば，制御特性は劣化するが許容できる特性変動の周波数特性の範囲は低周波帯域を含みロバスト安定性が増す。 □

【相補感度関数の多項式 $w_{wD}(s)$，$f_0(s)$ への依存性】

感度関数および相補感度関数のゲイン特性の周波数特性は，目標閉ループ特性の特性多項式 $w_{wD}(s)$ と状態観測器の特性多項式 $f_0(s)$ の零点配置に依存する。 □

一巡伝達関数 $L_m(s)$ は特性多項式 $w_{wD}(s)$ によって定まる。同じく $L_{ma}(s)$ は $L_m(s)$ に観測器に関連する低域通過関数 $H_{\mathrm{obs}}(s)$ を乗じて (2.42) 式からえられる。

$L_{ma}(s)$ の折点周波数は状態観測器の特性多項式 $f_0(s)$ に依存して定まる。したがって最小位相状態観測・制御系の感度関数，相補感度関数は低域通過関数であって，その周波数特性は設計パラメータである特性多項式 $w_{wD}(s)$ と $f_0(s)$ に依存する。 □

【ロバスト安定性の調整】

正規化された加法的特性変動 $\delta_{ma}/G_m(s)G_a(s)$ の周波数特性の折点周波数を参照して，相補感度関数を，(2.44) 式のロバスト安定性条件を満たすように構成する。そのために状態観測器特性多項式 $f_0(s)$ の零点配置を移動して，一巡伝達関数 $L_{ma}(s)$ を周波数特性の折点周波数に着目する調整が可能である。
すなわち，外乱制御性能とロバスト安定性の相補性を考慮した上，状態観測器の $f_0(s)$ の零点配置によってロバスト安定性が調整できる。 □

2.8 数値例

2.8.1 偏差フィードバック系の最適性

偏差フィードバック系の最適性が，目標特性多項式 $w_{wD}(s)$ の零点配置に依存して定まることを例題について示す。基本の零点配置 $w_{wD0}(s) = \{z_{wwD0i}\}$，零点配置ゲイン k_{zwwD} とする。

$$\text{制御対象：}\frac{1}{g_{mD}(s)} = \frac{1}{s(s+1)(s^2+s+2)}$$

$$\text{基本の零点配置 } w_{wD0}(s) : w_{wD0}(s) = (s+1)^2(s+2)^2$$

$$w_{wD}(s) \text{ の零点配置：} k_{zwwD} \cdot [-2, -2, -1, -1]$$

(1) 零点配置ゲイン $k_{zwwD} = 1.2$ のとき，

$$w_{wD}(s) = s^4 + 7.2000s^3 + 18.7200s^2 + 20.7360s + 8.2944$$

$$\Delta(\omega^2) = 16.4000\omega^6 + 67.4288\omega^4 + 115.4394\omega^2 + 68.7971$$

は $\Delta(\omega^2) > 0$ であって，偏差フィードバック系は最適性をもつ。

このとき偏差フィードバック $w_{wD}(s) - g_{mD}(s)$ の零点配置は

$$-0.9980 + 0.7463i, -0.9980 - 0.7463i, -1.0271$$

で虚軸から離れた安定零点である。

対応するカルマン方程式から得られる 評価関数Q の対角要素はすべて正値の，

$$\mathrm{diag}[Q] = [68.7971, 115.4394, 67.4288, 16.4000]$$

となり $\Delta(\omega^2) > 0$ に対応する。

(2) 零点配置ゲイン $k_{zwwD} = 0.4$ のとき，

さらに低周波領域に $w_{wD}(s)$ の零点配置が移る。

$$w_{wD}(s) = s^4 + 2.4000s^3 + 2.0800s^2 + 0.7680s + 0.1024$$

$$\Delta(\omega^2) = 3.6000\omega^6 - 0.1552\omega^4 - 3.8362\omega^2 + 0.0105$$

であって $\Delta(\omega^2)$ の係数に負値があり，偏差フィードバック系はもはや最適性をもたない。Q の対角要素は負値を含んでおり，

$$\mathrm{diag}[Q] = [0.0105,\ -3.8362,\ -0.1552,\ 3.6000]$$

$\Delta(\omega^2)$ に対応している。 □

偏差フィードバックの多項式 $f(s) = w_{wD}(s) - g_{mD}(s)$ の零点配置が虚軸から十分離れた左半面にあるとき，Q の対角要素が正値になることが認められる。

2.8.2 ロバスト安定性の設計

おくれ時間 L_g [s] のおくれ時間系を制御対象とする。

特性変動 20% とし，最小位相関数のゲイン変動係数を $k_q = 1.2$，最小位相関数の時定数の 20%，$3 \cdot 0.20 = 0.6$ [s] の変動おくれ時間 L_q を仮定する。

特性変動のある制御対象について，制御系の還送差で示される最適性，ロバスト安定性の余裕度の計算を行う。目標値入出力応答，外乱応答などを次に示す。

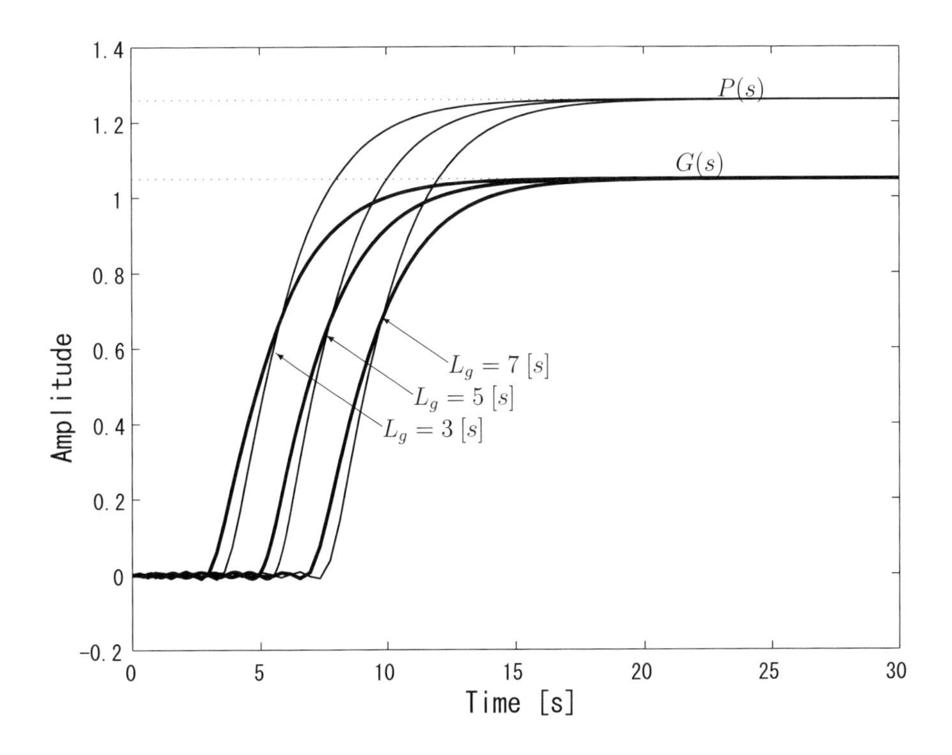

図 2.9: 制御対象の設計モデルおよび特性変動モデルのステップ応答

(1) 設計モデルと特性変動

$$\text{設計モデル：}\ G(s) = \frac{1.05(0.5s+1)\exp(-L_g s)}{s(s+2)(s+1)(0.1s+1)}$$

$L_g = 3, 5, 7$ [s] の３ケースとする

微小時定数の $1/(0.1s+1)$ は $\exp(-0.05s)$ とする。

$g_{mN}(s) = 1.05(0.5s+1)$

$g_{m0D}(s) = (s+2)(s+1),\ g_{mD}(s) = s \cdot g_{m0D}$

$\dfrac{g_{aN}(s)}{g_{aD}(s)}$: $\exp(-(L_g+0.05)s)$ のパデ近似,

$(2L_g+1)$ の整数値を近似の次数とする

特性変動をもつモデル：

$$P(s) = \frac{1.2 \cdot 1.05(0.5s+1)}{s(s+2)(s+1)}\exp(-(L_g+0.05+0.6)s)$$

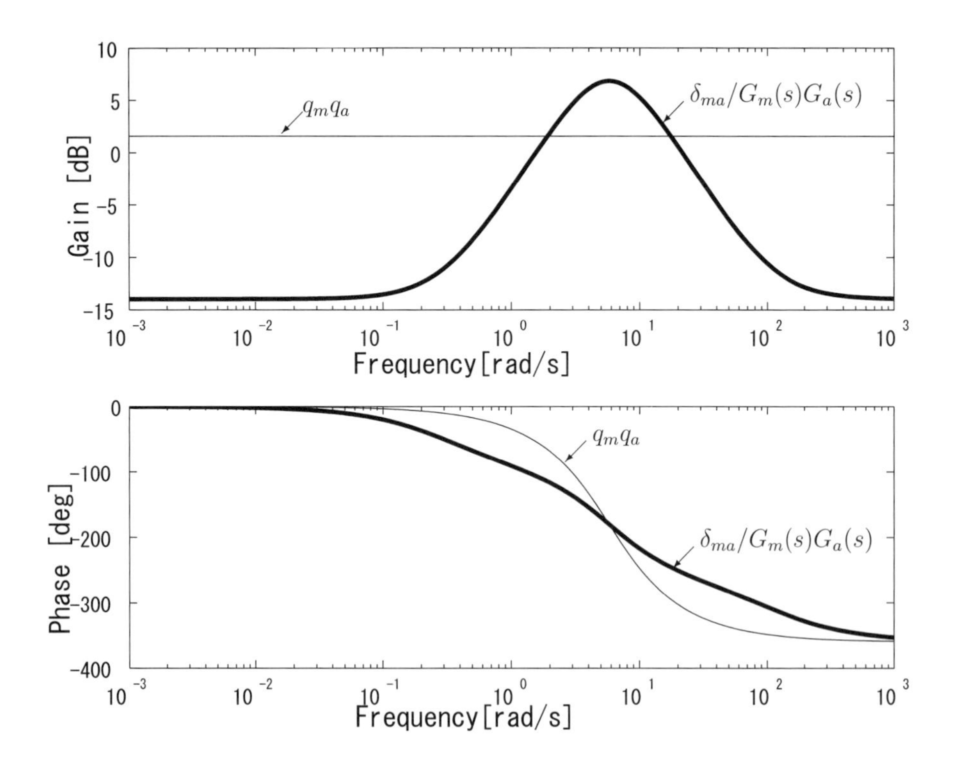

図 2.10: 制御対象の正規化した加法的特性変動のボード線図

乗法的特性変動： $q_m(s) = 1.2,\ q_a(s) = \exp(-0.6s)$

正規化した加法的特性変動： $\delta_{ma}(s)/G_m(s)G_a(s) = -1 + 1.2\exp(-0.6s)$

(2) **目標特性多項式 $w_{wD}(s)$ の設定**

特性多項式 $w_{wD}(s)$ の基本零点 $w_{wD0}(s)$ を目標入出力特性から $[-1, -3, -5]$ に，零点配置ゲインを k_{zwwd} に設定する。零点配置ゲインを調整パラメータとする。

(3) **補助多項式 $c_N(s)$，$d_0(s)$ の設定**

補助多項式 $c_N(s)$ の零点配置を目標特性多項式 $w_{wD}(s)$ の約 2 デカードの高周波領域に，$d_0(s)$ を数倍に設定する。

$$c_N(s) = (s+300)^4, \quad d_0(s) = (s+9)^4$$

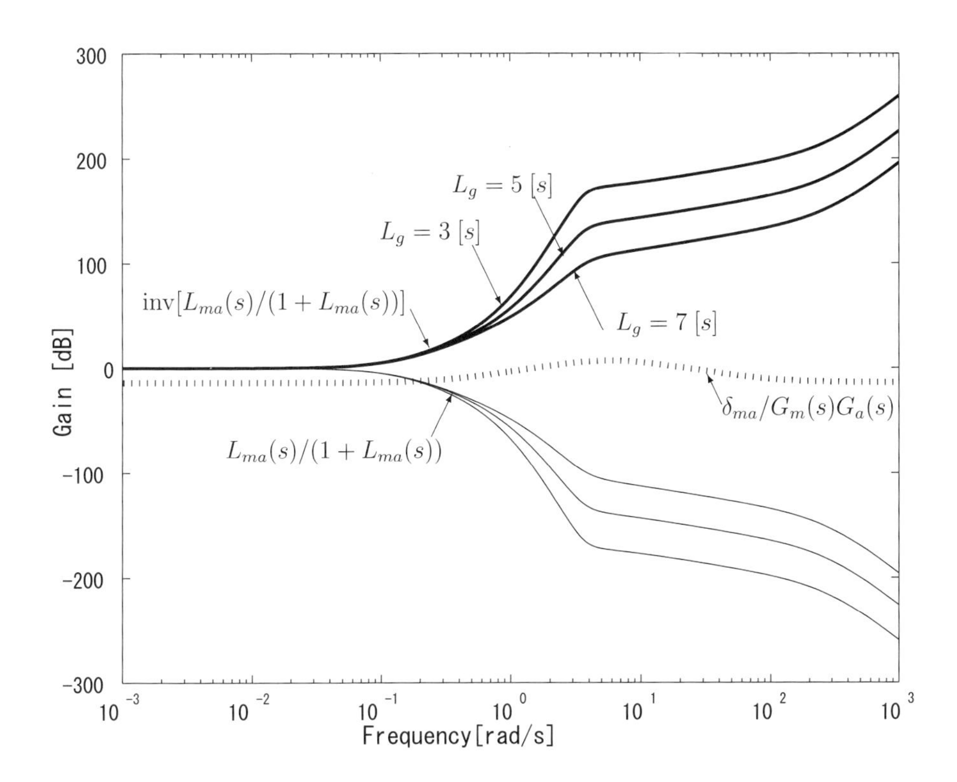

図 2.11: 最小位相状態観測・制御系のロバスト安定性の余裕度

(4) **状態観測器特性多項式 $f_0(s)$ の設定**

$f_0(s)$ の基本零点配置を，制御対象 $g_{m0D}(s)$，$g_{aD}(s)$ の零点配置に対応して設定する。零点配置ゲイン k_{zf0} を調整パラメータとする。

(5) **相補感度関数の導出**　一巡伝達関数 $L_{ma}(s)$，相補感度関数 $L_{ma}(s)/(1+L_{ma}(s))$ を求める。

(6) **最適性，ロバスト安定性の条件検証**

最適性 (2.11) 式，ロバスト安定性 (2.44) 式を確認する。

２つの零点配置ゲインをパラメータ調整する。調整の結果として，$k_{zwwd} = 0.2$，$k_{zf0} = 0.2$ とする。制御器の補償要素 $H_0(s)$，$H_{1k}(s)$，$H_2(s)$ および観測器の特性多項式を含む補償要素 $f_0(s)$，$f_1(s)$，$f_2(s)$ が定まる。□

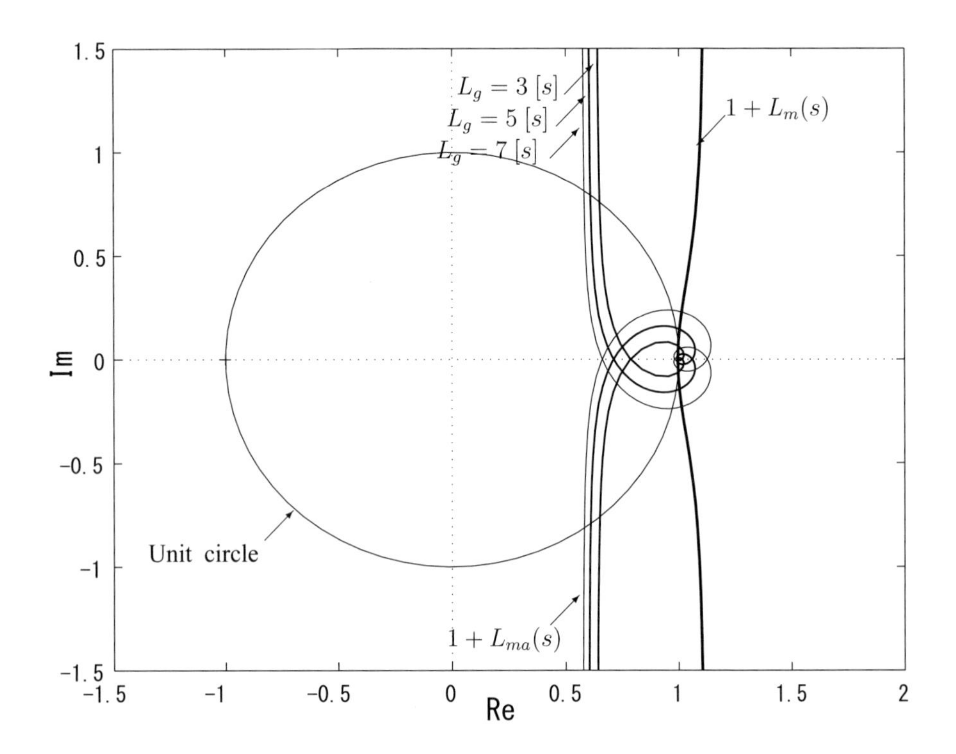

図 2.12: 設計モデルについての最小位相状態制御系および最小位相状態観測・制御系の還送差

$f_0(s)$ の基本零点配置はおくれ時間に対応して移動する。2 つの零点配置ゲインは，制御対象のおくれ時間が変更されても同一の値でよく，パラメータ調整は比較的容易であった。

設計された最小位相状態制御系の制御特性についての計算値とシミュレーション結果を次に示す。

【設計モデル，特性変動モデルのステップ応答】

図 2.9 は，制御対象の設計モデル ($L_g = 3, 5, 7$ [s]) および特性変動のあるモデル (乗法的特性変動 $1.2\exp(-0.65s)$) のステップ応答を示す。

図 2.10 は，制御対象の加法的特性変動を示し，中間周波数領域で変動が大きい。

【ロバスト安定性の余裕度】

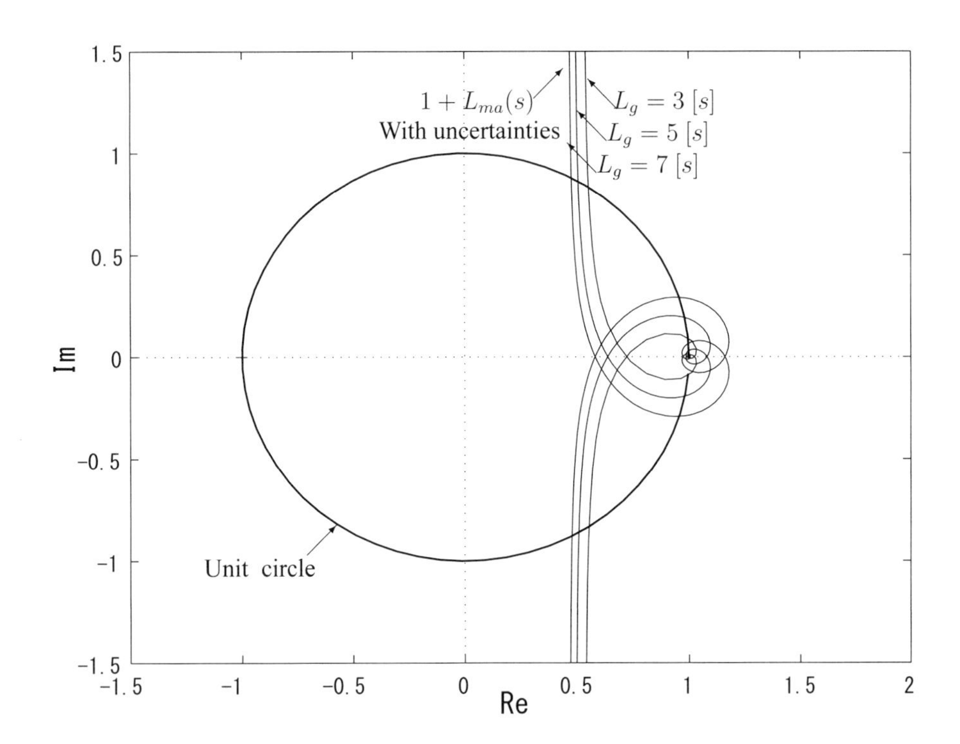

図 2.13: 特性変動モデルについての最小位相状態観測・制御系の還送差

図 2.11 は $w_{wD}(s)$，$f_0(s)$ を零点配置ゲイン $k_{zwwd} = 0.2$，$k_{zf0} = 0.2$ で定めたとき，(2.44) 式によるロバスト安定性の余裕度を示す。おくれ時間が $L_g = 3, 5, 7$ [s] と増加すると，$\mathrm{inv}(L_{ma}(j\omega)/(1 + L_{ma}(j\omega)))$ の特性曲線は加法的特性変動 $\delta_{ma}(j\omega)$ の特性曲線に接近する。ロバスト安定性は減少するが余裕度は保たれる。

【制御系の還送差】

図 2.12 は設計モデルについての最小位相状態制御系の還送差を観測器の有無で比較したものである。観測器が無く真値を用いたとき還送差への補助多項式 $c_N(s)$ の影響は微小で，軌跡は単位円板の内部にほとんど入らず，最適性を保つ。観測器はおくれ時間系を対象とするので特に高周波領域で，軌跡の原点からの距離が減少する。観測器が有るとき最適性への影響が生ずる。

図 2.13 は特性変動モデルについての最小位相状態観測・制御系の還送差を示したものである。特性変動があると観測器特性に影響して，軌跡の原点からの距離がさ

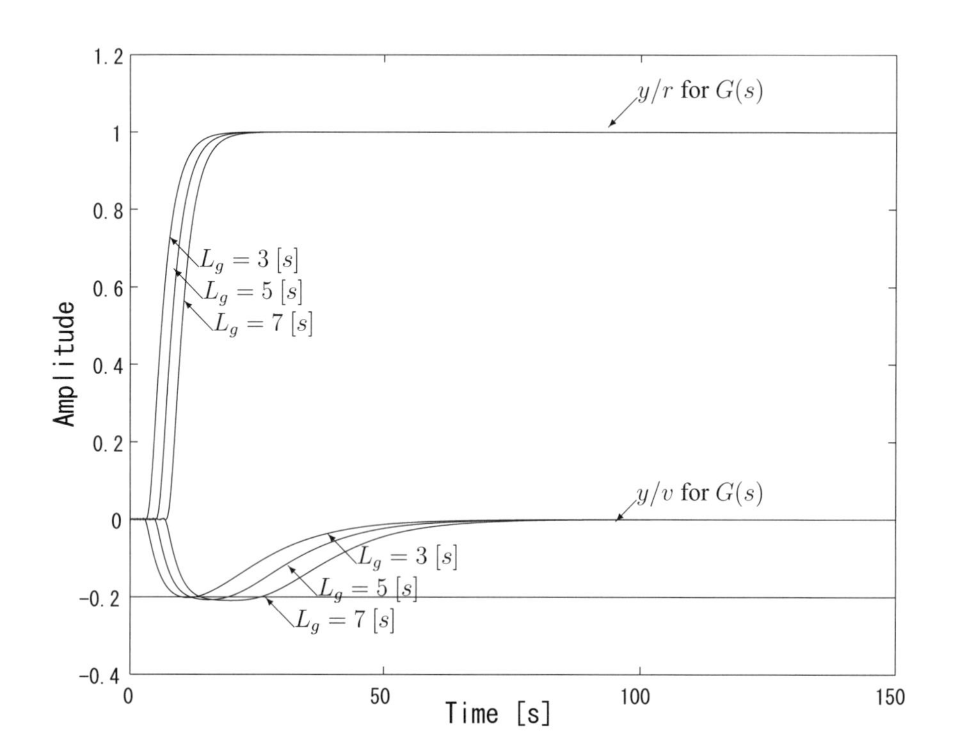

図 2.14: 設計モデルについての最小位相状態観測・制御系の入出力目標値ステップ応答，外乱 -0.2 ステップ応答

らに減少し，最適性と共にロバスト安定性が減少する。

【目標入出力ステップ応答，外乱ステップ応答】

図 2.14 は設計モデルについての最小位相状態観測・制御系の目標入出力ステップ応答，0.2 外乱ステップ応答を示す。おくれ時間が増加 ($L_g = 3, 5, 7$ [s]) したときの目標値応答，外乱応答の変化は僅かである。

図 2.15 は特性変動モデルについての最小位相状態観測・制御系の目標値ステップ応答，0.2 外乱ステップ応答を示す。特性変動によって設計値よりおくれ時間が増し，目標値応答の行き過ぎが生じ，外乱応答も振幅が増しているが，ロバスト安定性は保たれている。

【制御系のシミュレーション】

図 2.16 は $L_g = 3$ [s] とした特性変動モデルについての最小位相状態観測・制御系

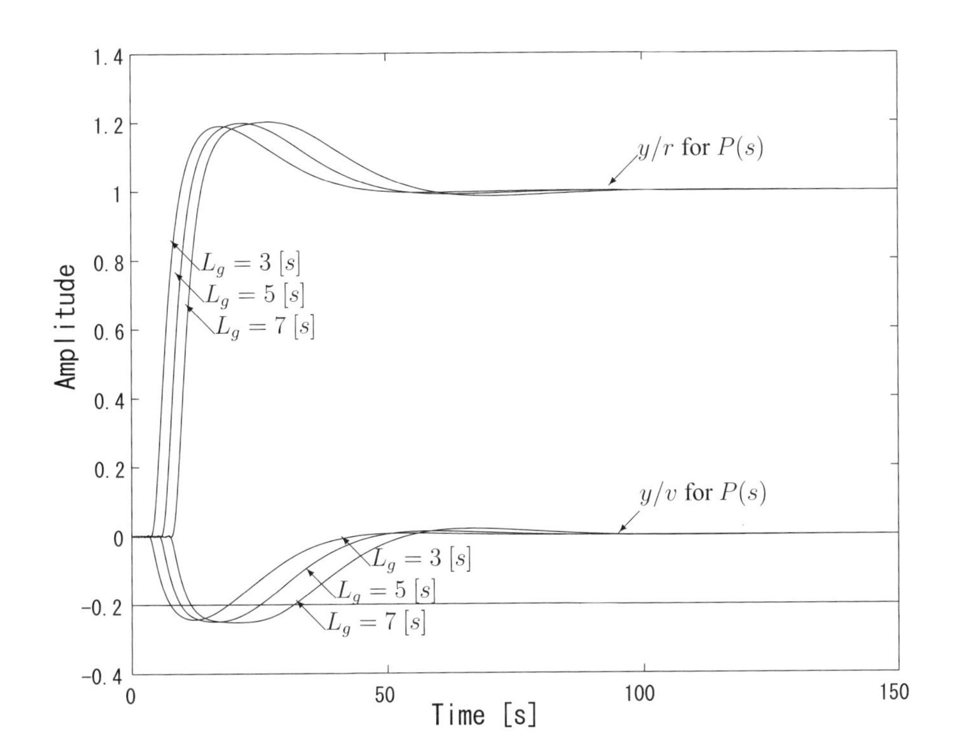

図 2.15: 特性変動モデルについての入出力目標値ステップ応答，外乱 −0.2 ステップ応答

の入出力特性を総合したシミュレーションであり，計算値と整合した結果を示す。

目標値ステップ応答，0.2 外乱ステップ応答は図 2.15 の計算値と合致し，ロバスト安定性は保たれる。最小位相状態観測値 $z_{\rm obs}(s)$ が真値 $z(s)$ から離れる状況が，特性変動により生じている。実際の操作入力は $u(s)$ の積分値 $u(s)/s$ で，変動はゆるやかである。

2.9 本章のまとめ

制御対象の伝達関数表現について，最小位相状態を想定したとき，偏差フィードバック系を介して最小位相状態制御系の最適性を実現できた。その結果，最適制御のロバスト安定性が伝達関数表現に取り入れ可能となった。

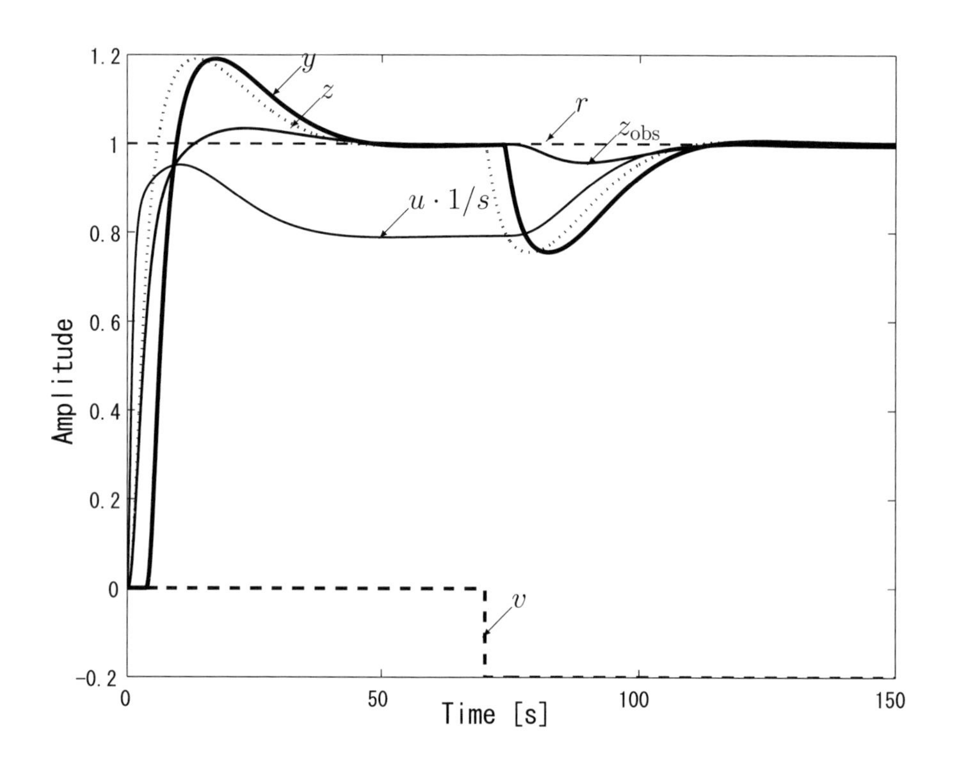

図 2.16: 特性変動モデルについての制御系入出力特性のシミュレーション

制御対象の特性変動の範囲が予想されるとき，ロバスト安定性を保持するための設計法を示した。閉ループ特性多項式と状態観測器の特性多項式のそれぞれの零点配置を設計パラメータとして，特性変動に対応する制御系設計ができた。

最適性とロバスト安定性の設計は周波数領域で行われ，多項式代数の計算は簡明で見通しの良いものであった。

数値例ではおくれ時間制御系の最適性とロバスト安定性の制御設計を示し，最小位相状態観測器が加わった場合に制御性能の保持が充分可能なことを示した。

第3章　最小位相状態制御系の設計例

一般に制御系設計の対象となる機械系や化学プラントは信号伝達系としてみたとき非最小位相系である。非最小位相系はその内部に最小位相系と最小位相状態をもっている。制御対象の最小位相状態に着目した制御系についてその設計例を示し，設計方法の説明のための例題とする。

本章は典型的な制御対象について，具体的に設計の過程を示すことを目的とする。

制御対象の例題として逆応答を含む非最小位相系 $G(s)$ をとりあげる。非最小位相系は最小位相関数 $G_m(s)$ と全域通過関数 $G_a(s)$ に分解される。全域通過関数 $G_a(s)$ はゲイン特性は全ての周波数で1であり，位相特性のみが変化する。

最小位相関数 $G_m(s)$ の伝達関数の分子多項式は安定多項式であることが特徴である。全域通過関数 $G_a(s)$ の伝達関数の分子多項式は位相特性に関与しており、フィードバックにより分子多項式は修正されないのでこの位相特性をフィードバック制御することはできない。従って閉ループ制御は最小位相関数 $G_m(s)$ について構成し，全域通過関数 $G_a(s)$ については行なわない。最小位相関数 $G_m(s)$ の閉ループ制御系出力の位相特性を全域通過関数 $G_a(s)$ が変化させたものが，閉ループ制御系を含む全体系の出力となる。例として制御対象のむだ時間は典型的な全域通過関数であるが，従来行なわれているむだ時間制御系設計においても，むだ時間そのものは制御の有無によらずそのまま出力に存在していることからもこれは明らかである。

最小位相関数 $G_m(s)$ について閉ループ制御を構成する。全域通過関数 $G_a(s)$ は最小位相状態観測器の構成要素となる。

3.1 最小位相関数についての閉ループ制御

定常偏差を無くすためには直列補償器における積分動作が必須となることはよく知られている。そこで積分補償を予め含めて，積分系の制御対象としておく。積分補償の積分定数は制御系設計の結果から定められる。非最小位相系は3次系，積分補償 $1/s$ を含めて4次系のモニック多項式（最高次係数1の分母多項式をもつ）とする。

非最小位相系 $G(s)$ を最小位相関数 $G_m(s)$，全域通過関数 $G_a(s)$ に分解すると $G_m(s) = g_{mN}(s)/g_{mD}(s)$，$G_a(s) = g_{aN}(s)/g_{aD}(s)$ として，

制御対象：

$$G(s) = G_a(s)G_m(s) = \frac{(2s+1)(-s+1)}{s(s+1)(s^2+s+2)} \tag{3.1}$$

最小位相関数 $G_m(s)$ は3次系：

$$g_{mN}(s) = 2s+1 \tag{3.2}$$

$$g_{mD}(s) = (s^2+s+2)s \tag{3.3}$$

積分補償がないときは

$$g_{mD0}(s) = s^2+s+2 \tag{3.4}$$

そして全域通過関数 $G_a(s)$ は1次系：

$$g_{aN}(s) = -s+1 \tag{3.5}$$

$$g_{aD}(s) = s+1 \tag{3.6}$$

となる。

目標特性と補助多項式の選定：

閉ループの目標特性多項式 $w_{wD}(s)$，全体系の入出力目標特性 $w_N(s)/w_D(s)$ はともに最小位相関数 $G_m(s)$ の次数と等しく3次のモニック多項式および3次系の伝達関数とする。

目標特性多項式 $w_{wD}(s)$ と入出力目標特性の $w_D(s)$ の固有値の値は閉ループの最適性，ロバスト性が保たれる範囲で，原理的にはそれぞれ任意である。

本章では $w_{wD}(s)$ の固有値は制御対象のそれよりやや大きい高周波領域の値にとる。より大きい高周波領域の値にとり閉ループを高即応性とすると，ロバスト性が劣化する傾向がある。閉ループの最適性は還送差の周波数特性の複素面軌跡からその状況を検証する。

また $w_D(s)$ の固有値を $w_{wD}(s)$ と同等かより大きい値に，希望の目標特性としてとることにより，全体系の入出力目標特性を設定する。

ここでは閉ループの $w_{wD}(s)$ の固有値を制御対象の $(0, -0.5 + j1.3229, -0.5 - j1.3229)$ よりやや大きい $(-1, -2, -2)$ にとる。全体系の $w_D(s)$ の固有値を $w_{wD}(s)$ と等しくとり，$w_N(s) = w_D(0)$ として定常ゲイン 1 の入出力目標特性とする。

$$w_{wD}(s) = (s+1)(s^2+4s+4) \tag{3.7}$$

$$\frac{w_N(s)}{w_D(s)} = \frac{4}{(s+1)(s^2+4s+4)} \tag{3.8}$$

制御器の補助多項式 $c_N(s)$，$d_0(s)$ についてはその固有値の値を，制御対象の低周波領域の主たる固有値の数倍～数１０倍に選ぶことにする。

$c_N(s)$ は最小位相関数 $G_m(s)$ の分母子多項式の次数差 2 から 2 次式，$d_0(s)$ は最小位相関数 $G_m(s)$G の次数と同じく 3 次式とする。$c_N(s)$，$d_0(s)$ の根は制御対象の固有値より高周波領域の値にとり，それぞれ $(-30, -30)$，$(-5, -5, -5)$ とした。とくに $c_N(s)$ の根は制御対象の固有値より大幅に高周波領域の値とする。

$$\deg c_N(s) = \deg g_{mD}(s) - \deg g_{mN}(s) = 3 - 1 = 2 \tag{3.9}$$

$$\deg d_0(s) = \deg g_{mD}(s) = 3 \tag{3.10}$$

$$c_N(s) = (s+30)^2 \tag{3.11}$$

$$d_0(s) = (s+5)^3 \tag{3.12}$$

制御器の設計：

補助多項式 $c_N(s)$ を用いて展開式

$$a(s)g_{mD}(s) + b(s) = c_N(s)(w_{wD}(s) - g_{mD}(s)) \tag{3.13}$$

から閉ループの展開項 $a(s)$，$b(s)$ を得る。

$$
\begin{aligned}
a(s) &= 4s + 242 &(3.14)\\
b(s) &= 3714s^2 + 5156s + 3600 &(3.15)
\end{aligned}
$$

フィードバック補償の定常値を単位値 1.0 とするための正規化係数値 h_{200} を求めると，

$$
h_{200} = b(0)/d_0(0) = 3600/125 \tag{3.16}
$$

である。フィードバック補償要素 $H_2(s)$，直列補償要素 $H_{1k}(s)$，入力直列補償要素 $H_0(s)$ はフィードバック補償要素の定常値を単位値とするとき，

$$
\begin{aligned}
H_{1k}(s) &= \frac{h_{200}d_0(s)}{(c_N(s)+a(s))g_{mN}(s)} &(3.17)\\
H_2(s) &= \frac{b(s)}{d_0(s)}\frac{1}{h_{200}} &(3.18)\\
H_0(s) &= \frac{c_N(s)}{h_{200}d_0(s)}\frac{w_N(s)w_{wD}(s)}{w_D(s)} &(3.19)
\end{aligned}
$$

となる。

各補償要素の伝達関数は

$$
\begin{aligned}
H_{1k}(s) &= \frac{28.8s^3 + 432.0s^2 + 2160.0s + 3600.0}{2s^3 + 129s^2 + 2348s + 1142} &(3.20)\\
H_2(s) &= \frac{128.9583s^2 + 179.0278s + 125.0000}{s^3 + 15s^2 + 75s + 125} &(3.21)\\
H_0(s) &= \frac{0.1s^5 + 9.0s^4 + 167.8s^3 + 692.2s^2 + 1033.3s + 500.0}{s^6 + 20s^5 + 158s^4 + 624s^3 + 1285s^2 + 1300s + 500} &(3.22)
\end{aligned}
$$

となる。ここで各補償要素の定常ゲインを確かめると，直列補償 $H_{1k}(s)$ の定常ゲイン $H_{1k}(0)$，フィードバック補償 $H_2(s)$ の定常ゲイン $H_2(0)$，入力補償 $H_0(s)$ の定常ゲイン $H_0(0)$ はそれぞれ

$$
\begin{aligned}
H_{1k}(0) &= 10^3(3.6000/1142) = 3.1524 &(3.23)\\
H_2(0) &= 125/125 = 1 &(3.24)\\
H_0(0) &= 10^3(0.5000/500) = 1 &(3.25)
\end{aligned}
$$

となって，所期の単位フィードバック系の妥当な値となっている。

最小位相状態観測器の設計：

観測器の観測器多項式 $f_0(s)$ を設定して最小位相状態観測器を設計する。

観測器多項式 $f_0(s)$ の次数 $\deg f_0(s)$ は，最小位相関数，全域通過関数の次数から定まる。$\deg g_{mD}(s)=3$，$\deg g_{aN}(s)=1$ から

$$\deg f_0(s)=\deg g_{mD}(s)+\deg g_{aN}(s)-1=3 \tag{3.26}$$

である。モニックな安定多項式 $f_0(s)$ の固有値の大きさを $g_{mD}(s)$，$g_{aN}(s)$ の固有値の近傍に選んで，

$$f_0(s)=(s^2+3s+2)(s+1) \tag{3.27}$$

と設定する。多項式方程式である Diophantine 方程式

$$f_{10}(s)g_{mD}(s)+f_{20}(s)g_{aN}(s)=f_0(s) \tag{3.28}$$

を解き，

$$f_1(s) = f_{10}(s)g_{mN}(s) \tag{3.29}$$

$$f_2(s) = f_{20}(s)g_{aD}(s) \tag{3.30}$$

から，観測器の入力フィルター $f_1(s)/f_0(s)$, 出力フィルター $f_2(s)/f_0(s)$ を求める。その結果は次のようになる。

$$f_{10}(s) = 3 \tag{3.31}$$

$$f_{20}(s) = 2s^2+s+2 \tag{3.32}$$

$$f_1(s) = 3(2s+1)=6s+3 \tag{3.33}$$

$$f_2(s) = (2s^2+s+2)(s+1)=2s^3+3s^2+3s+2 \tag{3.34}$$

$$f_0(s) = s^3+4s^2+5s+2 \tag{3.35}$$

Diophantine 方程式の解：

Diophantine 方程式 (3.28) は，既知の多項式 $g_{mD}(s)$，$g_{aN}(s)$，$f_0(s)$ と 2 つの未知量の多項式 $f_{10}(s)$，$f_{20}(s)$ についての多項式の方程式である。この多項式方程式を行列方程式に変換する。

多項式 $g_{mD}(s)$，$g_{aN}(s)$，$f_0(s)$ の係数ベクトルをそれぞれ同じ記号の g_{mD}，g_{aN}，f_0 とする。

$$g_{mD} = [1, 1, 2, 0] \tag{3.36}$$

$$g_{aN} = [-1, 1] \tag{3.37}$$

$$f_0 = [1, 4, 5, 2] \tag{3.38}$$

未知量の多項式 $f_{10}(s)$，$f_{20}(s)$ については

$$\deg f_{10}(s) = \deg f_0(s) - \deg g_{mD}(s) = 3 - 3 = 0 \tag{3.39}$$

$$\deg f_{20}(s) = \deg f_0(s) - \deg g_{aN}(s) = 3 - 1 = 2 \tag{3.40}$$

である。行列で表すとき f_{10}，f_{20} については行数，列数は，

$$f_{10} = f_{10}(1, \deg f_{10}(s) + 1) = f_{10}(1, 1) \tag{3.41}$$

$$f_{20} = f_{20}(1, \deg f_{20}(s) + 1) = f_{20}(1, 3) \tag{3.42}$$

である。多項式の積 $f_{10}(s)g_{mD}(s)$，$f_{20}(s)g_{aN}(s)$ はそれぞれ多項式の合成積である。合成積に対応した行列の積を $f_{10} \cdot mD$，$f_{20} \cdot aN$ とする。

したがって多項式についての Diophantine 方程式 (3.28) を行列方程式に変換すると，

$$f_{10} \cdot mD + f_{20} \cdot aN = f_0 \tag{3.43}$$

となり，まとめると次式になる。

$$[f_{10}, f_{20}][mD; aN] = f_0 \tag{3.44}$$

合成積の要素である行列 mD の次元は f_{20}，f_0 から決まる。行列 mD の行数は $\deg f_{10}(s) + 1 = 1$, 列数は $\deg f_0(s) + 1 = 4$ とする必要がある。行列 mD の内容は g_{mD} を各行で移動させたものである。

同様に合成積の要素である行列 aN の次元は f_{20}，f_0 から決まる。行列 aN の行数は $\deg f20(s)+1=3$, 列数は $\deg f_0(s)+1=4$ とする必要がある。行列 aN の内容は g_{aN} を各行で移動させたものである。

したがって，

$$mD = [g_{mD}] \tag{3.45}$$

$$aN = [g_{aN}, 0, 0; 0, g_{aN}, 0; 0, 0, g_{aN}] \tag{3.46}$$

と定めることができる。そして mD，aN をまとめた行列は，

$$[mD; aN] = [g_{mD}; g_{aN}, 0, 0; 0, g_{aN}, 0; 0, 0, g_{aN}] \tag{3.47}$$

$$= [1, 1, 2, 0; -1, 1, 0, 0; 0, -1, 1, 0; 0, 0, -1, 1] \tag{3.48}$$

である。

$\mathrm{inv}[mD; aN]$ が存在して，

$$[f_{10}, f_{20}] = f_0 \mathrm{inv}[mD; aN] \tag{3.49}$$

$$= [1, 4, 5, 2]\mathrm{inv}[1, 1, 2, 0; -1, 1, 0, 0; 0, -1, 1, 0; 0, 0, -1, 1] \tag{3.50}$$

から目的の解がえられる。

$$[f_{10}, f_{20}] = [3, 2, 1, 2] \tag{3.51}$$

$$f_{10} = [3] \tag{3.52}$$

$$f_{20} = [2, 1, 2] \tag{3.53}$$

である。

3.2 最小位相状態制御系の閉ループ特性

閉ループ制御系の最適性

帰還差 $R_{tn}(s)$ のナイキスト線図から帰還差の軌跡と単位円との距離を調べて，閉ループの制御性の最適性をみる。

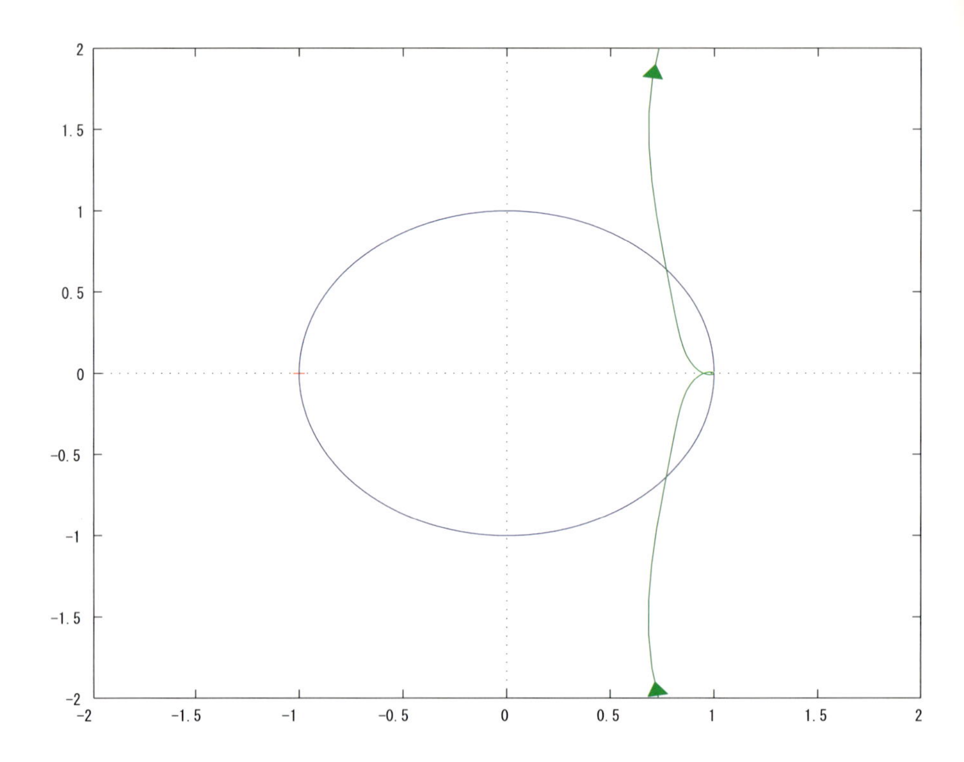

図 3.1: 補助多項式 $c_N(s) = (s+30)^2$ のときの閉ループ制御性の最適性

最小位相状態制御系の閉ループの最適性は，閉ループ特性の展開項を求めるとき用いた補助多項式 $c_N(s)$ の固有値に依存する。

$c_N(s) = (s+30)^2$ のとき，

低周波領域では帰還差の軌跡は単位円の外側に在るが，高周波領域では単位円の内側に入り軌跡の原点からの距離は 1 以下になる。補助多項式 $c_N(s)$ の固有値を 30 rad/s の高周波領域にとれば帰還差の軌跡は単位円の近傍にあり，閉ループ制御性は低周波領域で最適に近い。

次に $c_N(s)$ の固有値を更に高周波領域に移動させた場合の帰還差の軌跡を検証する，

$c_N(s) = (s+150)^2$ のとき，

帰還差の軌跡で単位円の内部に入るのは高周波領域の一部である。制御対象が動作すると想定される低周波から中間の周波数領域では軌跡は単位円の充分に外部にあるので閉ループは最適性をもっているとみてよい。

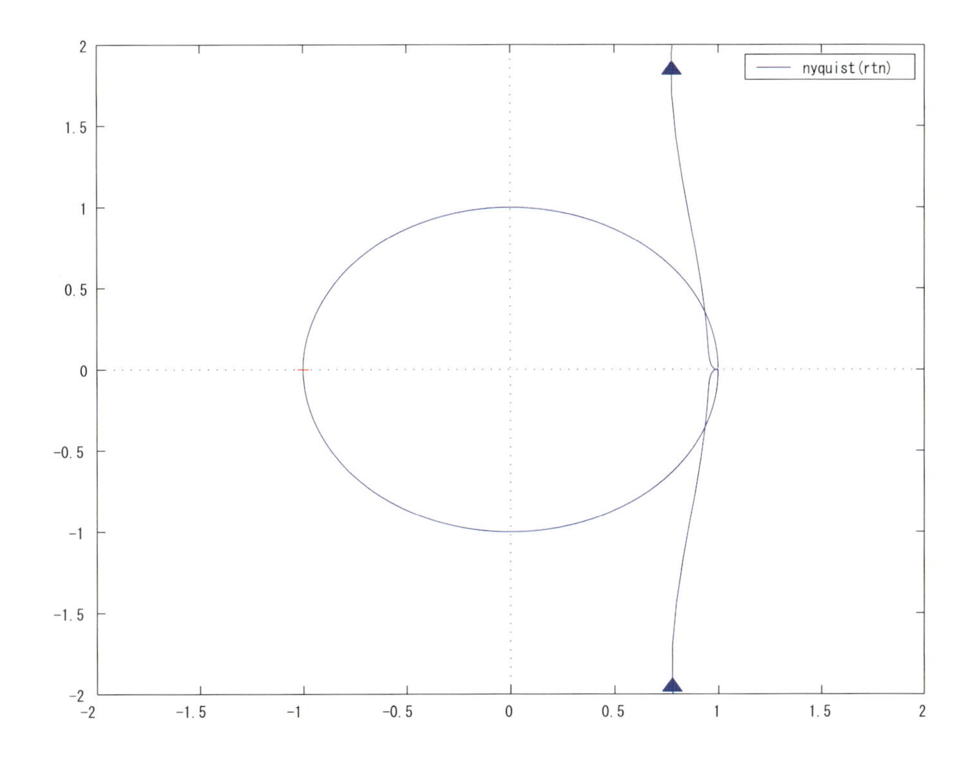

図 3.2: 補助多項式 $c_N(s) = (s + 150)^2$ のときの閉ループ制御性の最適性

3.3 最小位相状態制御系の時間応答特性

最小位相状態制御系は最小位相状態観測器を含む。最小位相状態観測器は制御系出力と操作入力とから最小位相状態を観測し，その最小位相状態をフィードバックしているので，最小位相状態制御系は出力帰還系である。

記号については，応答伝達関数特性 $F(s)$ に対応する時間応答特性を同一の記号を用いて $F(t)$ などと表す。

入力端外乱 $v(s)$ は制御対象入力端に等価的に印加される外乱で積分補償要素の後に加わる。出力端外乱 $d(s)$ は制御対象出力端に等価的に印加される外乱とする。

出力端外乱 d，操作入力端 v（積分補償要素があるときは積分補償後の操作入力端）などの外乱がある場合には，最小位相状態観測器を通して外乱が出力端，あるいは操作入力端からフィードバックされて外乱の影響が抑制される。

観測器を含む最小位相状態制御系のそれぞれ入力，外乱がある場合の時間応答特

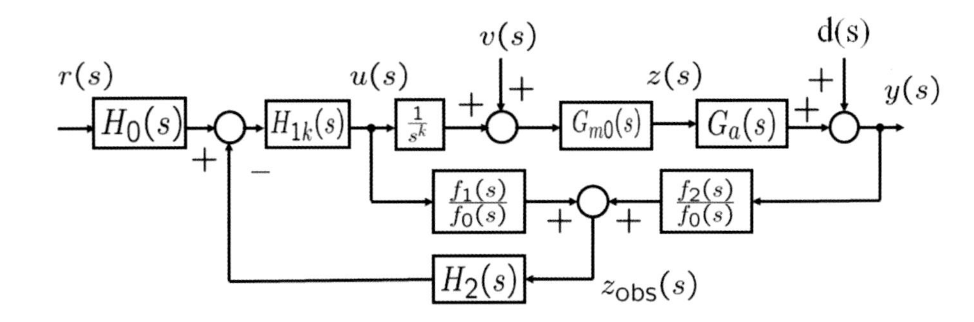

図 3.3: 操作入力端外乱 v と出力端外乱 d のある最小位相状態制御系

性 $y_r(t)$，$y_d(t)$，$y_v(t)$ を調べる。

これらの外乱 $v(s)$，$d(s)$ を含むブロック線図を図 **3.3** に示す。

応答伝達関数特性

出力端外乱応答 $y_d(s)$ は最小位相状態観測器が出力端外乱 $d(s)$ についてどのような応答をするかに依存する。

最小位相状態観測器をもつので最小位相状態制御系では，出力 $y(s)$ と操作入力 $u(s)$ を含む経路をもつ閉ループが存在する。

最小位相状態制御系の最小位相状態観測値 $z_{obs}(s)$ から操作入力 $u(s)$ に至る伝達特性を $u_{zobs}(s)$ として，出力端 $y(s)$，最小位相状態観測器を含む閉ループ特性 $L_{obs}(s)$ を調べる。

$$u_{zobs}(s) = \frac{H_2(s)H_{1k}(s)}{1+H_2(s)H_{1k}(s)}\frac{f_1(s)}{f_0(s)} \tag{3.54}$$

$$L_{obs}(s) = u_{zobs}(s)G_m(s)G_a(s)\frac{f_2(s)}{f_0(s)} \tag{3.55}$$

となる。

最小位相状態制御系の閉ループ特性を示すブロック線図を図 **3.4** に示す。

出力端外乱 d のステップ入力 $d(s)$ についての外乱応答 $y_d(s)$ は，

$$y_d(s) = \frac{d(s)}{1+L_{obs}(s)} \tag{3.56}$$

である。すなわち観測器をもつ最小位相状態制御系の閉ループ特性 $L_{obs}(s)$ が出力端外乱を抑制する。

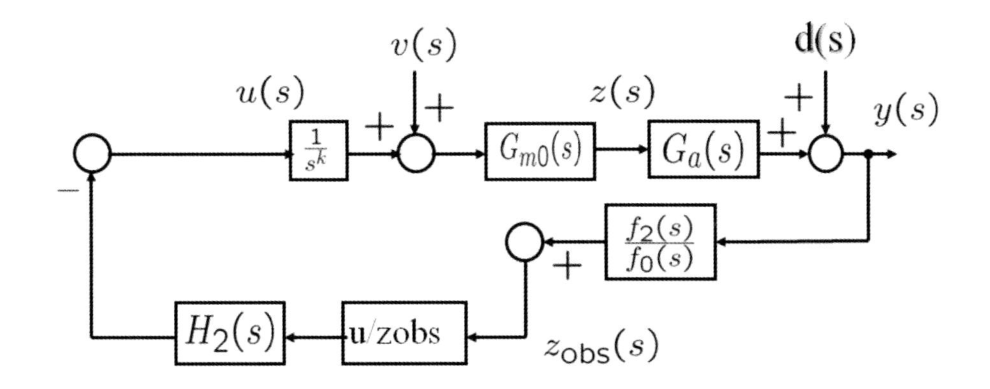

図 3.4: 観測器のある最小位相状態制御系の閉ループ特性

操作入力端（積分補償要素あとの操作入力端）外乱 $v(s)$ のステップ入力についての $y_v(s)$ 応答を求める。

$$y_v(s) = G_a(s)G_m(s)\frac{v(s)}{1 + L_{obs}(s)} \tag{3.57}$$

ここでも観測器をもつ最小位相状態制御系の閉ループ特性 $L_{obs}(s)$ が操作入力端を抑制する。

時間応答特性

出力端外乱応答 $y_d(t)$，操作入力端外乱応答 $y_v(t)$，全体系の目標値応答 $y_r(t)$，閉ループの目標値応答 $y_{r0}(t)$ の応答波形図 **3.5**，図 **3.6**，図 **3.7**，図 **3.8** はそれぞれ所期の応答伝達関数特性の値に等しい波形を示している。本章の設計例では全体系の目標値応答 $y_r(t)$ は閉ループの目標値応答 $y_{r0}(t)$ と一致する。

ステップ入力の大きさはそれぞれ 1.00 としている。

状態観測器を介した出力フィードバックによって最小位相状態を検出しており，印加された操作端外乱は抑圧されて最小位相状態への影響は零値に収束する。

出力端に印加された外乱の影響も非最小位相特性の位相おくれのために始めは振

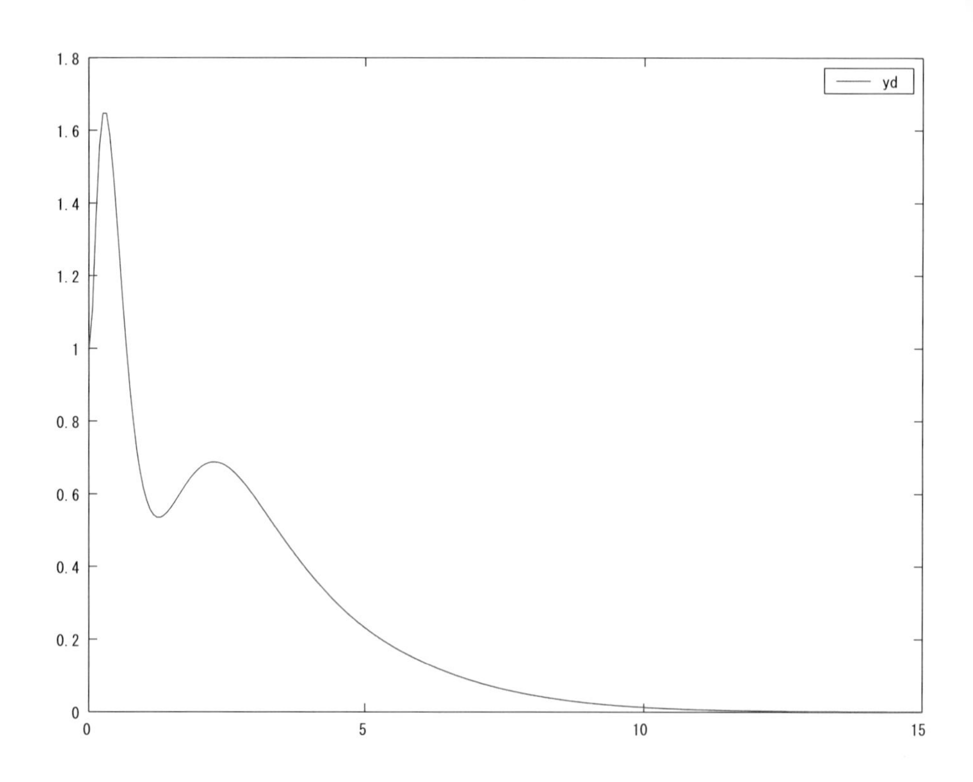

図 3.5: 出力端外乱 d のステップ入力応答 y_d

動的になるが出力フィードバックによって抑圧され，出力端外乱特性は零値に収束する。

外乱のないとき最小位相状態についての閉ループの入出力特性は，目標閉ループ特性に一致する。

さらに全体系の入出力目標特性を設定しているので，入出力特性のための入力直列補償要素が得られている。

閉ループ制御要素に入力直列補償要素を加えた全体系の入出力特性は，設定した入出力目標特性と一致した部分とゲイン 1 の非最小位相特性の位相おくれが従属した波形を示す。

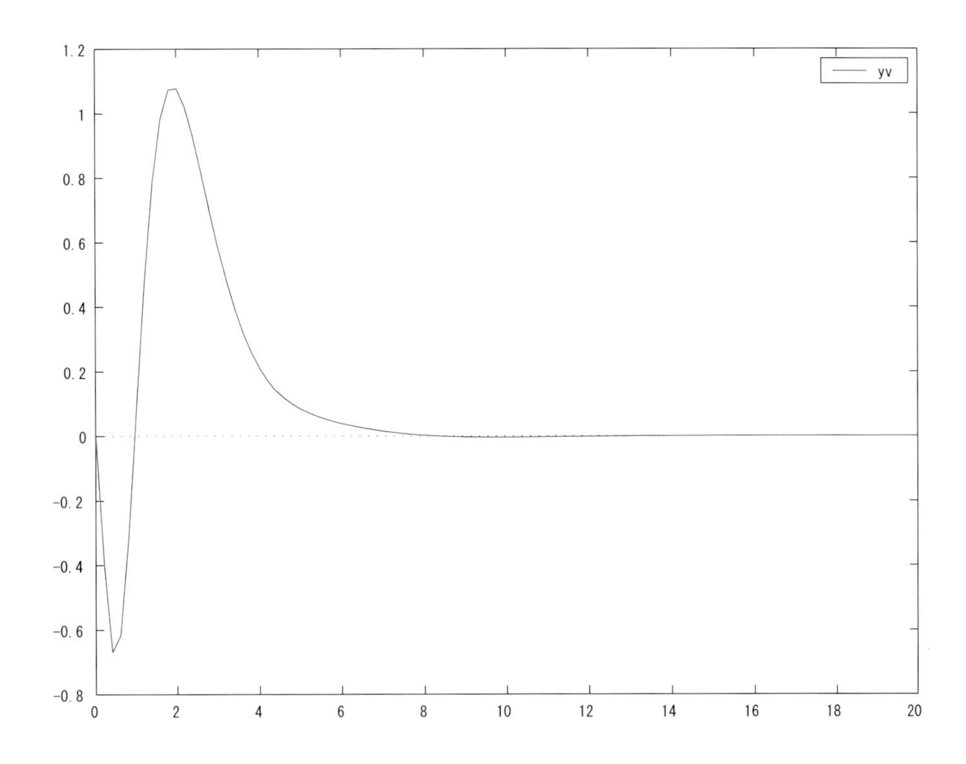

図 3.6: 操作入力端（積分補償要素あとの操作入力端）外乱 v のステップ入力応答 y_v

3.4 本章の例題のまとめ

本例題の制御対象は逆応答特性をもつ典型的な非最小位相系である。制御系設計では非最小位相系の操作量と出力から最小位相状態観測器によって得られる最小位相状態について，フィードバック系を構成する。指定した閉ループ目標特性と最小位相系の制御対象モデルから，直列補償要素とフィードバック補償要素とが設計法によって求められる。

最小位相状態フィードバック系の閉ループの最適制御の条件を周波数領域において表わすことができる。前章までに述べたように帰還差を一巡伝達関数プラス 1 としたときフィードバック制御がある評価関数を最小にする最適レギュレータであるためには，閉ループの帰還差の位相平面上の軌跡が単位円の外側にあることが条件となる。この条件は最小位相系の場合には，近似的ではあるが実用的には十分に満たされる。

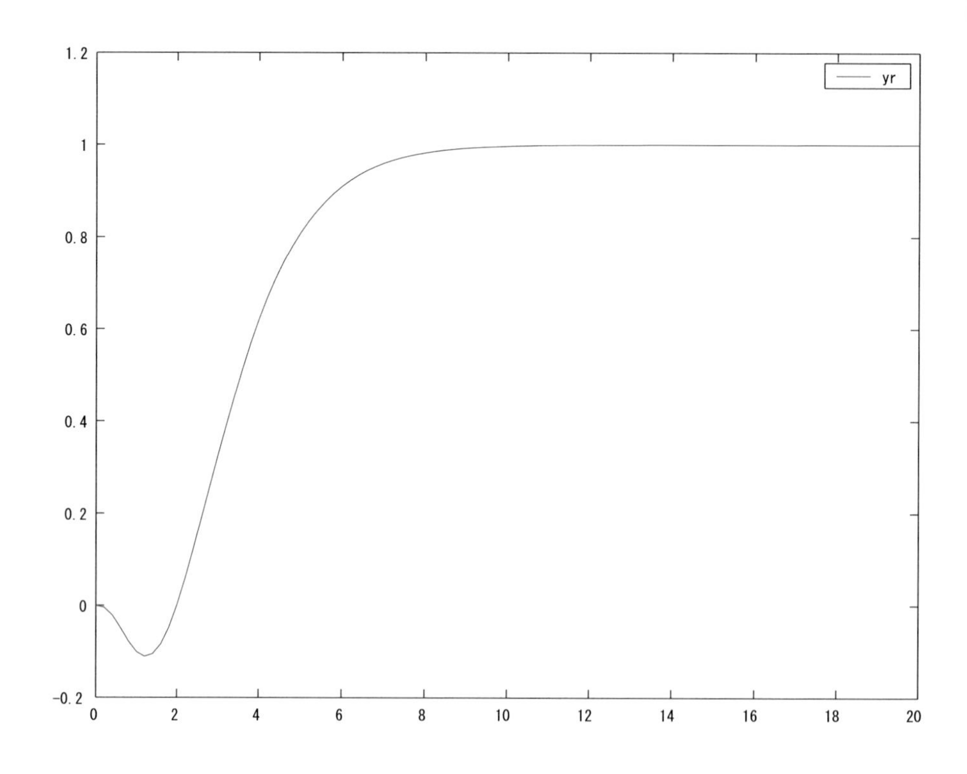

図 3.7: 目標値応答 y_r

閉ループ系の直列補償とフィードバック補償の補償要素が閉ループ目標特性を指定して求められる。この目標特性が指定可能であることは実際上の利点が大きいと考えられる。

さらに入出力目標特性を設定すれば，入力直列補償要素が得られる。これらの3つの補償要素はゲイン調整によって，フィードバック補償要素の定常ゲインを1とすることができる。このフィードバック補償から，非最小位相特性はゲイン1の位相おくれ特性となる。

状態観測器から得られる最小位相状態についてフィードバック制御を施した全体系の入出力は，最適制御された最小位相系にゲイン1の非最小位相特性が従属した特性である。非最小位相系による位相特性はフィードバック制御によって変更はできないことは当然である。

フィードバック制御は最小位相状態について行なっているが，状態観測器がある

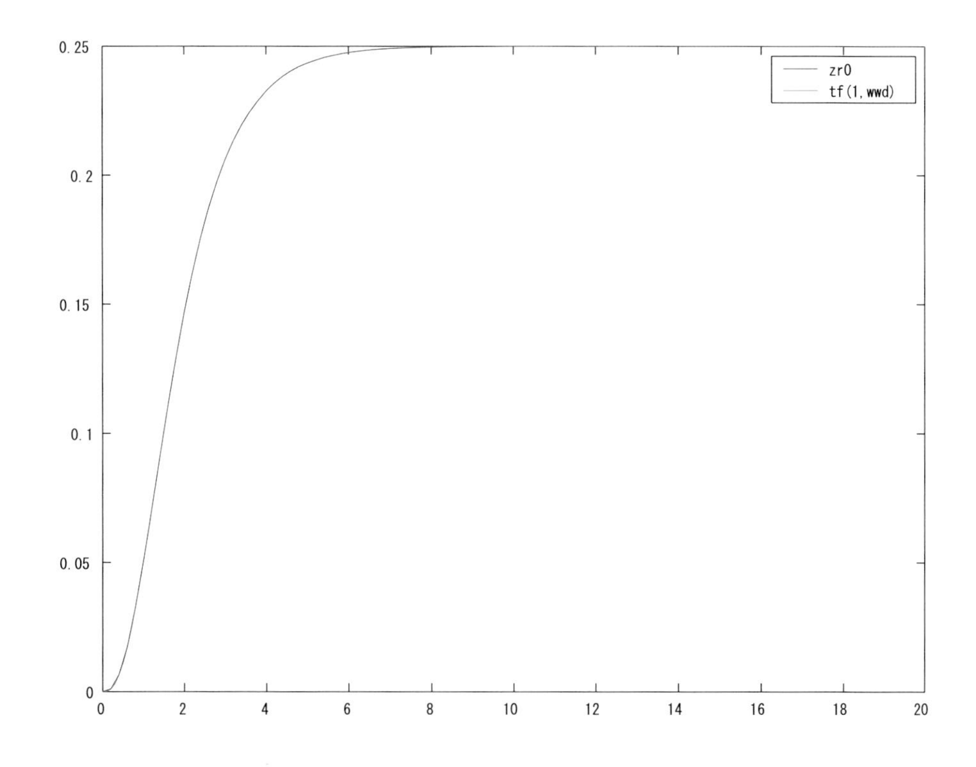

図 3.8: 目標値応答 y_{r0}

ので全体系の出力値を用いており，出力フィードバック制御系が全体系について構成されている。したがって操作端外乱は勿論であるが，出力端外乱についても出力フィードバックによる抑制効果が十分にある。

第4章　大きいむだ時間をもつ系の最小位相状態観測・制御器の設計

4.1　はじめに

むだ時間系の制御は古典的であるが新しい問題でもある。まずスミス予測器制御 (Smith predictor control) [27] とその改良スミス予測器制御 (Modifie Smith predictor control) [28] [29] などの設計法があり，それらは取り扱い易さから実用的とされている。さらに状態予測制御 (最適制御，H_∞ 制御) などの理論 [30] [31] [8] [32] [33] [34] が研究されている。

スミス予測器制御では，むだ時間を除いた入出力特性の応答性を改善できるが，操作端外乱の抑制は充分とはいえなかった。改良スミス予測器ではむだ時間を含む制御対象の入出力から操作端外乱による出力成分を検出し (disturbance estimator)，これを打ち消す部分的なフィードバックを施して外乱抑制の改善を図っている。

しかし制御対象がむだ時間をもつ不安定系である場合，積分特性をもつ場合，遅れ時定数 T に比べてむだ時間 L が大きい場合などが従来，むだ時間制御を難しくする問題点であった。

本書では大きなむだ時間含むむだ時間をもつ制御対象においてその最小位相状態を想定する。最小位相状態について観測器と制御器を考えて，むだ時間系に観測・制御器構成を適用する。それにより目標値応答，外乱抑制へのむだ時間の影響を軽減することを図る。

問題の設定 (2 節) に続いて最小位相状態制御器 (3 節)，最小位相状態観測器 (4 節) を述べる。そして最小位相状態観測・制御器構成をむだ時間系に適用する (5 節)。数値例を示し (6 節)，改良スミス予測器との比較 (7 節) を検討して，結言 (8 節) と

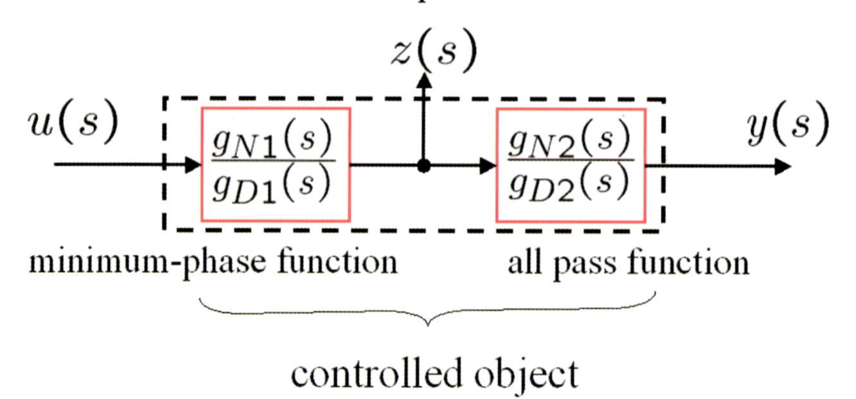

図 4.1: 制御対象の最小位相状態の定義

する。

4.2　問題の設定

不安定零点と不安定極を持たない伝達関数を最小位相関数 (minimum phase function) と呼ぶ。ゲイン特性が常に 1 の安定な伝達関数は全域通過関数 (all-pass function) といわれ，逆応答要素，むだ時間要素などがある。安定な有理関数は一般に非最小位相関数であって，最小位相関数と全域通過関数の積として表される [8]

非最小位相関数で表される伝達関数をもつ制御対象について，最小位相関数に縦続接続した全域通過関数の構造を想定する。

最小位相関数の出力を最小位相状態 (minimum phase state) とよぶことにすれば，全域通過関数を除いた制御対象の出力が最小位相状態である。図 4.1 にその構造を示す。

1 入力 1 出力系の制御対象 $G(s)$ を既約な $g_N(s)/g_D(s)$ で表しさらに，プロパーな最小位相関数 $g_{N1}(s)/g_{D1}(s)$ と全域通過関数 $g_{N2}(s)/g_{D2}(s)$ との縦続接続とし，最小位相関数の出力を最小位相状態 $z(s)$ とする。最小位相関数と全域通過関数をそれぞれ添字 mim，all あるいは簡単に添字 1，2 によって区別する。符号の簡素化のために時間関数形とラプラス変換形とを同一の文字で表し $z(s)$，$z(t)$ などにとる。

最小位相関数の $g_{D1}(s)$ はモニックな安定多項式で n_{D1} 次とし，$g_{N1}(s)$ は $(n_{N1}-1)$ 次以下の必ずしもモニックではない安定多項式とする．全域通過関数の $g_{N2}(s)$，$g_{D2}(s)$ は定数項 1 の同次多項式である．そして全域通過関数の $g_{N2}(s)$ と最小位相関数の $g_{D1}(s)$ は既約とし，次数はそれぞれ $n_{N1} < n_{D1}$，$n_{N2} = n_{D2}$ とする。最小位相関数は本稿では拡張して積分要素をもつ場合を含める.

まず最小位相状態 $z(s)$ を目標入出力特性に合致させる 2 自由度制御を行う最小位相状態制御器 [23] を設計する。つぎに制御対象の入力 $u(s)$，出力 $y(s)$ から最小位相状態 $z(s)$ の観測値 $z_{\rm obs}(s)$ を求める最小位相状態観測器 [35] を構成する。両者の観測器と制御器を組み合わせて最小位相状態観測・制御系とする。

そして特に大きなむだ時間をもつ線形系の制御対象に状態観測・制御器を適用して，むだ時間系での機能，制御効果を検討する。

4.3　最小位相状態制御器の構成

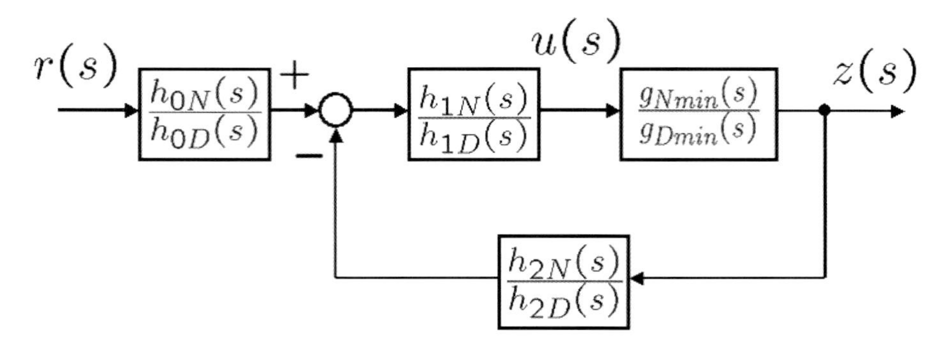

図 4.2: 最小位相状態制御器の構成

最小位相状態は最小位相関数の出力であり，その補償要素を設計して最小位相状態制御器とする。制御器は前置補償要素 $H_0(s)$，直列補償要素 $H_{1k}(s)$ とフィードバック補償要素 $H_2(s)$ からなる 2 自由度系とする。

2 自由度系の補償要素をもつ最小位相状態制御器の構成を図 4.2 に示す。

定理 **4.1.** 最小位相状態制御器

最小位相関数 $g_{N1}(s)/g_{D1}(s)$ の出力を最小位相状態 $z(s)$ とする。入出力特性の目標値 $w_N(s)/w_D(s)$ と閉ループの目標特性多項式 $w_{wD}(s)$ を設定すれば 2 自由度系を与える補償要素が存在する。

安定多項式 $c_N(s)$，$d_0(s)$ を補助多項式にとる。$c_N(s)$ は $g_{mD}(s)$ とは既約とする。2 自由度をもつ制御器をつぎのステップで構成できる。

(i) $c_N(s)$ の零点が $w_{wD}(s)$ のそれよりも充分大きいとき，制御器の多項式方程式の解 $a(s)$，$b(s)$ を求める。

$$a(s)g_D(s) + b(s) = c_N(s)(w_{wD}(s) - g_D(s)) \tag{4.1}$$

(ii) 安定多項式 $g_{N1}(s)$ から補償要素 $H_0(s)$，$H_{1k}(s)$ および $H_2(s)$ をうる。

$$H_0(s) = \frac{w_N(s)w_{wD}(s)}{w_D(s)}\frac{c_N(s)}{d_0(s)} \tag{4.2}$$

$$H_{1k}(s) = \frac{d_0(s)}{(c_N(s) + a(s))g_{N1}(s)} \tag{4.3}$$

$$H_2(s) = \frac{b(s)}{d_0(s)} \tag{4.4}$$

補償要素は目標特性 $w_N(s)/w_D(s)$ を与え，閉ループの特性多項式の主要部は $w_{wD}(s)$ である。

［証明］(4.1) 式から

$$(c_N(s) + a(s))g_D(s) + b(s) = c_N(s)w_{wD}(s) \tag{4.5}$$

である。したがって閉ループのみの入出力特性は

$$d_0(s)/(c_N(s)w_{wD}(s)) \tag{4.6}$$

となって閉ループの特性多項式は $c_N(s)w_{wD}(s)$ である。$c_N(s)$ の零点が充分大きいとき，特性多項式の主要部は $w_{wD}(s)$ となる．そして全体系の入出力特性 $z(s)/r(s)$ は目標特性 $w_N(s)/w_D(s)$ に一致する。

さらに定数値を 1 とする補償要素の正規化を施す.

補題 **4.1.** 安定化補償要素の正規化

正規化した安定化補償要素を添字 z で表す。前置補償要素 $h_0(s)$ の $s=0$ のときの値を

$$h_0(0) = \frac{w_N(0)w_{wD}(0)}{w_D(0)}\frac{c_N(0)}{d_0(0)} \tag{4.7}$$

とすれば，

$$H_{1kz}(s) = H_{1k}(s)\cdot h_0(0) = \frac{h_{1kNz}(s)}{h_{1kDz}(s)} \tag{4.8}$$

$$H_{2z}(s) = \frac{H_2(s)}{h_0(0)} = \frac{h_{2Nz}(s)}{h_{2Dz}(s)} \tag{4.9}$$

$$H_{0z}(s) = \frac{H_0(s)}{h_0(0)} = \frac{h_{0Nz}(s)}{h_{0Dz}(s)} \tag{4.10}$$

で与えられる．定常値では前置補償要素とフィードバック補償要素が等しく，$H_{0z}(0) = H_{2z}(0) = 1$ である．

つぎに最小位相状態 $z(s)$ を推定する最小位相状態観測器を構成する。

4.4 最小位相状態観測器の構成

非最小位相系の制御対象についての多項式方程式を解いて，最小位相状態 $z(s)$ の推定値 $z_{\mathrm{obs}}(s)$ を入出力 $u(s)$，$y(s)$ から推定する最小位相状態観測器を求める。最小位相状態観測器の構成を図 4.3 に示す。

定理 **4.2.** 最小位相状態観測器

最小位相状態観測器は次の各ステップで構成できる。

(i) 最小位相状態 $z(s)$ と入出力との関係は

$$z(s) = \frac{g_{N1}(s)}{g_{D1}(s)}u(s) \tag{4.11}$$

$$y(s) = \frac{g_{N2}(s)}{g_{D2}(s)}\frac{g_{N1}(s)}{g_{D1}(s)}u(s) = \frac{g_{N2}(s)}{g_{D2}(s)}z(s) \tag{4.12}$$

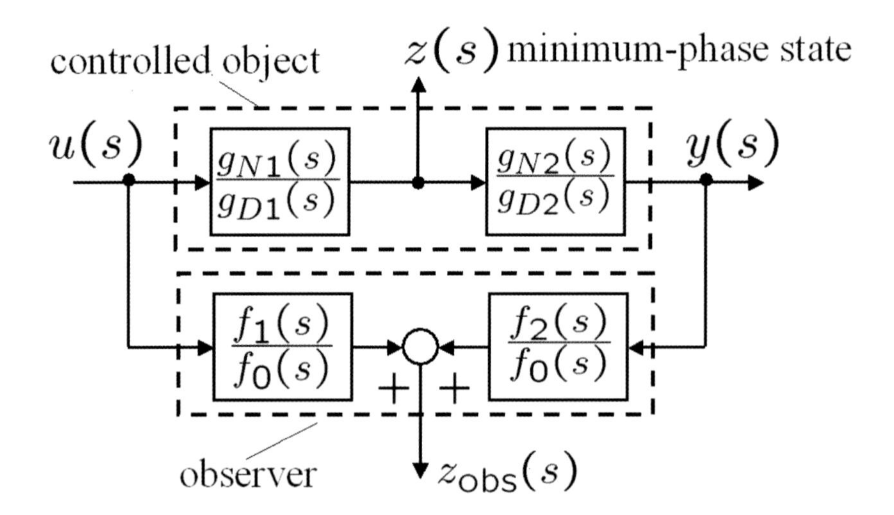

図 4.3: 最小位相状態観測器の構成

(ii) 既約な $g_{N2}(s)$, $g_{D1}(s)$ について観測器の多項式 $f_0(s)$ を次数（$n_{D1}+n_{N2}-1$）のモニックな安定多項式に設定する.

(iii) $g_{N2}(s)/g_{D1}(s)$ についてのつぎの観測器の多項式方程式の解 $f_{1p}(s)$，$f_{2p}(s)$ を求める.

$$f_{1p}(s)g_{D1}(s) + f_{2p}(s)g_{N2}(s) = f_0(s) \tag{4.13}$$

(iv) 観測器のフィルターの $f_1(s)$，$f_2(s)$ を

$$f_1(s) = f_{1p}(s)g_{N1}(s) \tag{4.14}$$

$$f_2(s) = f_{2p}(s)g_{D2}(s) \tag{4.15}$$

で与え，観測値 $z_{\mathrm{obs}}(s)$ を入出力 $u(s)$，$y(s)$ から求める。

$$z_{\mathrm{obs}}(s) = \frac{f_1(s)}{f_0(s)}u(s) + \frac{f_2(s)}{f_0(s)}y(s) \tag{4.16}$$

［証明］既約な $g_{N2}(s)$，$g_{D1}(s)$ について (4.13) 式の解 $f_{1p}(s)$，$f_{2p}(s)$ が存在しその

次数は

$$\deg f_{1p}(s) \leq \deg f_0(s) - \deg g_{D1} = n_{N2} - 1 \tag{4.17}$$

$$\deg f_{2p}(s) \leq \deg f_0(s) - \deg g_{N2} = n_{D1} - 1 \tag{4.18}$$

である．(4.14)，(4.15) 式の $f_1(s)$，$f_2(s)$ について

$$\deg f_1(s) \leq n_{N2} - 1 + n_{N1} < \deg f_0(s) \tag{4.19}$$

$$\deg f_2(s) \leq n_{D1} - 1 + n_{D2} = \deg f_0(s) \tag{4.20}$$

となり，観測器のフィルター $f_1(s)/f_0(s)$, $f_2(s)/f_0(s)$ はプロパーな伝達関数として実現できる．

最小位相関数の安定多項式 $g_{N1}(s)$ については逆システムの関係が成り立つので

$$u(s) = \frac{g_{D1}(s)}{g_{N1}(s)} z(s) \tag{4.21}$$

である．$u(s)$ および $f_1(s)$，$f_2(s)$ を (4.16) 式に適用すると，観測値と真値との比 $z_{\mathrm{obs}}(s)/z(s)$ は

$$\begin{aligned}\frac{z_{\mathrm{obs}}(s)}{z(s)} = & \frac{f_{1p}(s) g_{N1}(s)}{f_0(s)} \frac{g_{D1}(s)}{g_{N1}(s)} \\ & + \frac{f_{2p}(s) g_{D2}(s)}{f_0(s)} \frac{g_{N2}(s)}{g_{D2}(s)}\end{aligned} \tag{4.22}$$

である．(4.13) 式の多項式方程式から，

$$\frac{z_{\mathrm{obs}}(s)}{z(s)} = \frac{f_{1p}(s) g_{D1}(s) + f_{2p}(s) g_{N2}(s)}{f_0(s)} = 1 \tag{4.23}$$

となる．

制御対象が設計モデルであるとき，(4.23) 式より観測値 $z_{\mathrm{obs}}(s)$ は真値 $z(s)$ に一致していることがわかる。

設計モデルが実機モデルとは差異があってパラメータ誤差をもつ場合を考える。

制御対象が実機モデル $\dfrac{p_{N1}(s)}{p_{D1}(s)} \cdot \dfrac{p_{N2}(s)}{p_{D2}(s)}$ であるとき，多項式方程式 (4.13) から一般の観測値 $z_{\mathrm{obs}}(s)$ が導かれる。

$$\frac{z_{\mathrm{obs}}(s)}{z(s)} = \frac{f_1(s)}{f_0(s)} \frac{p_{D1}(s)}{p_{N1}(s)} + \frac{f_2(s)}{f_0(s)} \frac{p_{N2}(s)}{p_{D2}(s)} \tag{4.24}$$

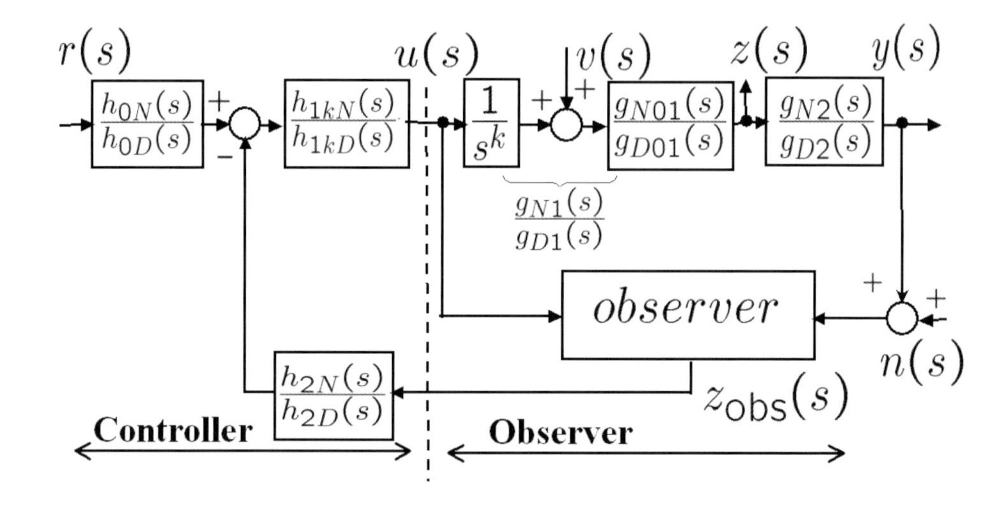

図 4.4: 積分補償のある最小位相状態観測・制御系の設計

1 入力 1 出力むだ時間系の出力側むだ時間をパディ近似の有理多項式で表す。

操作端外乱の次数に対応した次数をもつ積分器を操作端に前置して積分補償をおこなう。積分補償を含めた最小位相関数をあらためて制御対象の最小位相関数とする。

補題 4.2. 最小位相状態観測器の積分補償

操作端に前置した積分補償器によって最小位相状態観測値の定常偏差は零である。また最小位相状態制御系の制御偏差の定常値は零である。

［証明］内部モデル原理によって外乱の次数に対応した値の次数 k をもつ積分器が前置されれば外乱の影響は定常偏差に残らない。またこの積分器は最小位相状態制御系の制御偏差の積分補償としても働くので，制御偏差の定常値は零となる。

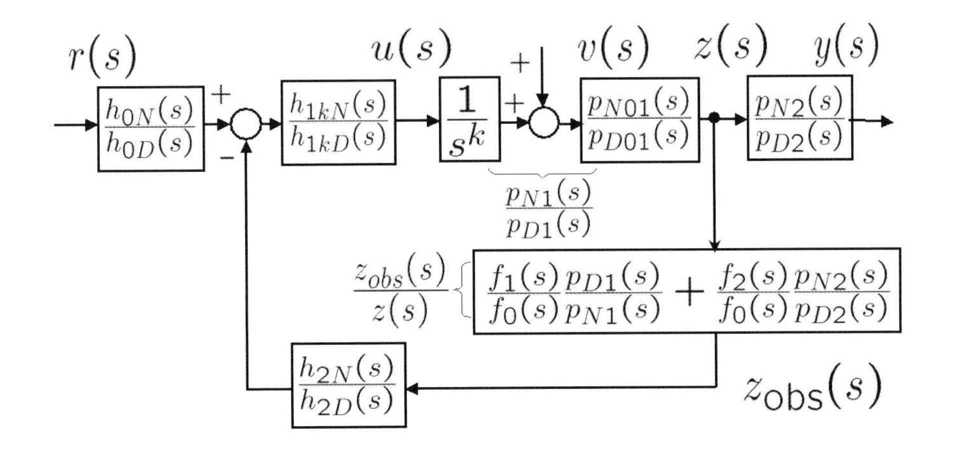

図 4.5: 積分補償のある最小位相状態観測・制御系の動作

4.5　むだ時間系の最小位相状態観測・制御器構成

むだ時間系に最小位相状態観測器と最小位相状態制御器とを組み合わせて適用したときの制御系の全体構成を図 4.4 に示す。この構成は状態方程式におけるオブザーバ・フィードバック構成と同じ構造をもつ。

むだ時間系に最小位相状態観測器を適用したときの最小位相状態の真値から観測値に至る観測器の伝達特性 $z_{\mathrm{obs}}(s)/z(s)$ を図 4.5 に示す。制御対象の実機特性の値が入っている。実機モデルが設計モデルに等しい理想状態では観測器の伝達特性は 1 である。

出力から操作端を経由する開ループの伝達特性は最小位相状態の真値についての伝達特性に観測器の伝達特性が付加したものである。

定理 4.3. むだ時間最小位相状態観測・制御系の特性根

むだ時間系の最小位相状態観測・制御系の開ループ特性根は制御対象の最小位相関数の特性根および制御器と観測器の特性根の 3 者からなる。

［証明］最小位相状態 $z(s)$ についての観測・制御系の開ループは最小位相関数と制御器，観測器の縦続接続から構成される。これらの要素ははそれぞれ $p_{N1}(s)/p_{D1}(s)$,

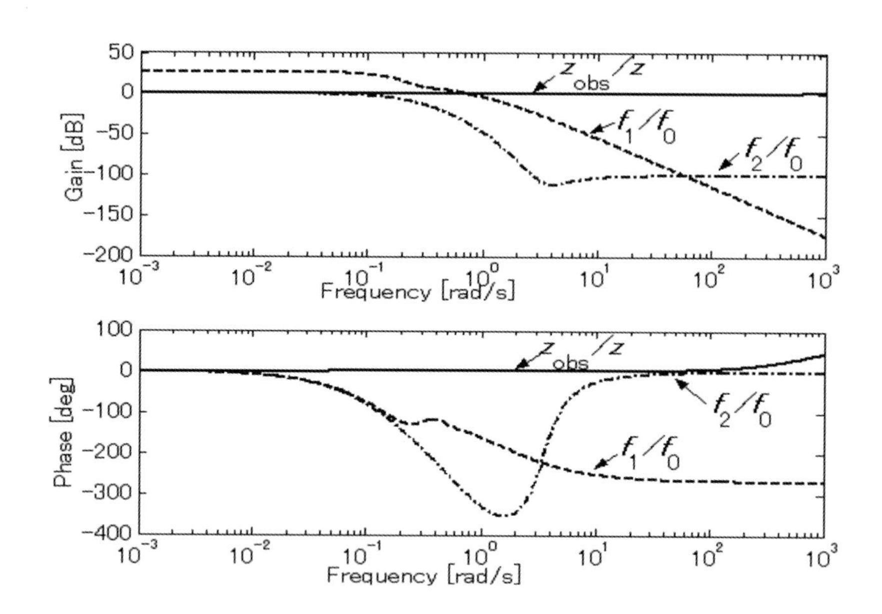

図 4.6: 最小位相状態観測器のボード線図 $f_1/f_0, f_2/f_0$ および $z_{\rm obs}/z$

$(h_{1kN}(s)/h_{1kD}(s))\cdot(h_{2N}(s)/h_{2D}(s))$，$z_{\rm obs}(s)/z(s)$ である。全体系の開ループ特性根はこれらの 3 者の特性根から成る。

むだ時間系に最小位相状態観測器を適用したときの観測器のボーデ線図のゲイン・位相特性を図 4.6 に示す。ここで点線は $f_1(s)/f_0(s)$，点鎖線は $f_2(s)/f_0(s)$，実線は $z_{\rm obs}(s)/z(s)$ を表す。

観測器の $f_1(s)/f_0(s)$ は遅れ特性を示すが，$f_2(s)/f_0(s)$ は高周波帯域ではゲインは低いが大きな位相進み特性をもっている。その結果，$f_1(s)/f_0(s)$ と $f_2(s)/f_0(s)$ に実機モデルを入れた観測器の全体特性 $z_{\rm obs}(s)/z(s)$ のゲイン特性は 1 に近く，位相特性はほぼ零で高域で実機モデルと設計モデルとの差のために位相進みを示す。

4.6　数値例

制御対象を操作端の前に積分器をもつむだ時間系とする。特にむだ時間値が最小位相系の遅れ時定数に比し大きい場合 [29] とする。

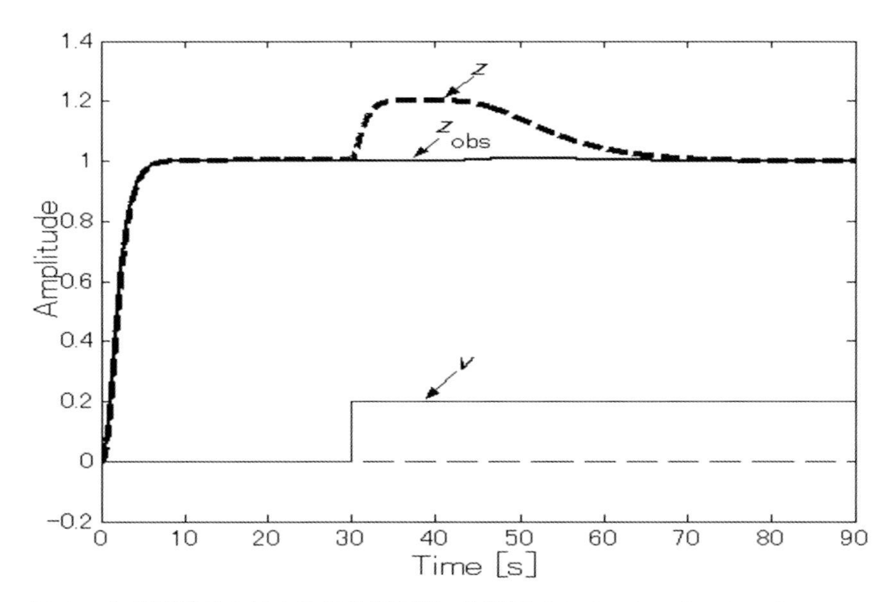

図 4.7: むだ時間系の最小位相状態観測・制御系のシミュレーション z と $z_{\rm obs}$

4.6.1　むだ時間系の制御対象

むだ時間：$L = 8.0\,[s]$

制御対象の実機モデル：

$$P(s) = \frac{1}{s}\frac{2}{(s+1)(s+2)}\frac{1}{(0.1s+1)}\exp(-8s) \tag{4.25}$$

制御対象 $G(s)$ の設計モデル：

$$G(s) = \frac{1}{s}\frac{2}{(s+1)(s+2)}\exp(-8s) \tag{4.26}$$

操作端外乱：大きさ +0.2 のステップ外乱 $v(s) = +0.2\,\mathrm{step}$ 制御対象 $G(s)$ の構成を非最小位相要素 $g_{N1}(s)/g_{D1}(s)$，むだ時間要素 $g_{N2}(s)/g_{D2}(s)$ とする。むだ時間要素：$L = 8.0[s]$ を 16 次のパデ近似 pade(L,16) で表す。

$$\frac{g_{N1}(s)}{g_{D1}(s)} = \frac{2}{s(s+1)(s+2)} \tag{4.27}$$

$$\frac{g_{N2}(s)}{g_{D2}(s)} = \mathrm{pade}(L, 16) \tag{4.28}$$

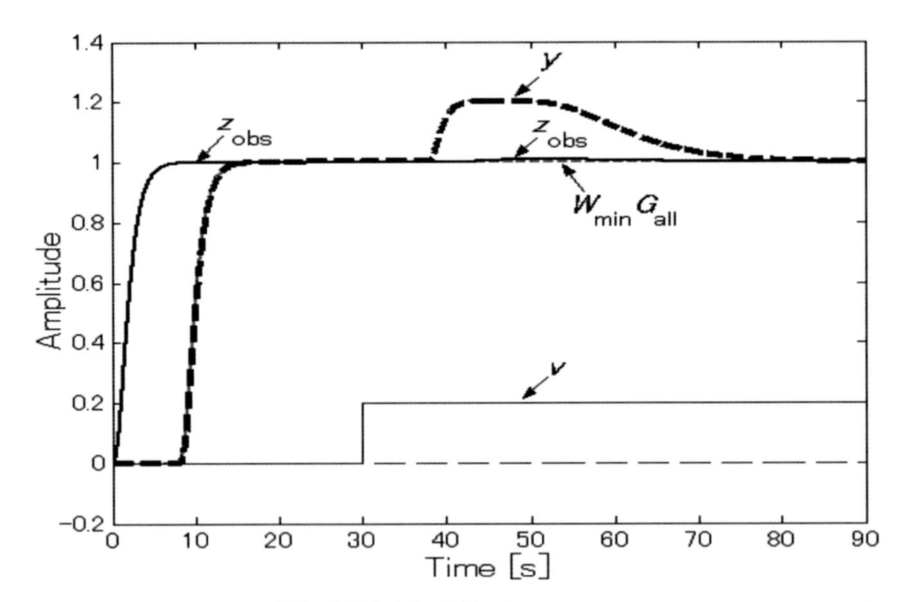

図 4.8: むだ時間系の最小位相状態観測・制御系のシミュレーション $y, W_{\min}G_{\mathrm{all}}$ および z_{obs}

4.6.2　最小位相状態制御器の設計

最小位相状態制御器の目標特性と補助多項式を設定する。

むだ時間系のむだ時間を除いた入出力目標特性：

$$\frac{w_{N1}(s)}{w_{D1}(s)} = \frac{25/9}{(s+1)(s+5/3)^2} \tag{4.29}$$

最小位相状態についての閉ループ目標特性の特性多項式 $w_{wD}(s)$ と補助多項式 $c_N(s)$, $d_0(s)$：

$$w_{wD}(s) = w_{D1}(s) \tag{4.30}$$

$$c_N(s) = (s+30)^3 \tag{4.31}$$

$$d_0(s) = (s+9)^3 \tag{4.32}$$

補助多項式 $c_N(s)$ の零点は設計モデルの遅れ特性のそれの約 20 ～ 30 倍にとり，同じく補助多項式 $d_0(s)$ の零点は設計モデルの遅れ特性のそれの約 5 ～ 6 倍に設定した。

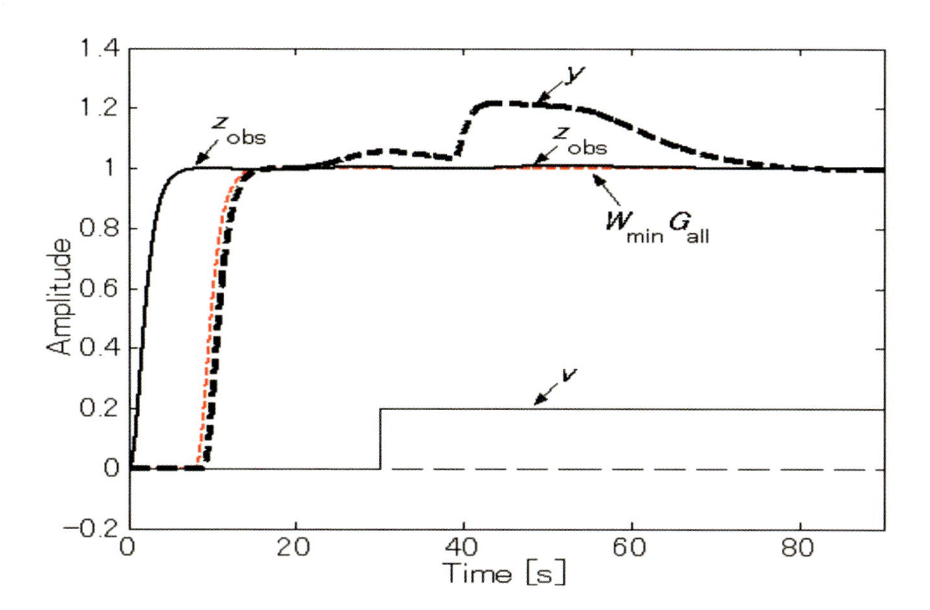

図 4.9: むだ時間系の最小位相状態観測・制御系のシミュレーション, むだ時間 10% 増加

最小位相関数の伝達特性と制御系の入出力目標特性と補助多項式をもちいて最小位相状態制御器が求められる。2 自由度系なので前置補償，直列補償，フィードバック補償の 3 個の補償要素が設計アルゴリズムからえられる。

4.6.3　最小位相状態観測器の設計

オブザーバの特性多項式 $f_0(s)$ の次数は

$$\deg f_0 = \deg g_{D1} + \deg g_{N2} - 1 = 3 + 16 - 1 = 18 \tag{4.33}$$

とする。$f_0(s)$ の零点は $g_{D1}(s)$ の零点の値を参照して，観測・制御器の閉ループを安定化するように選定する。

$$f_0(s) = (s + \frac{1}{5})^2(s + \frac{2}{3})^2(s+1)^2(s+2)^6(s+3)^6 \tag{4.34}$$

安定多項式 $f_0(s)$ および最小位相関数と全域通過関数とから，最小位相状態についての Diophantine 方程式 (4.13) および (4.14)，(4.15) を満たすオブザーバの多項式

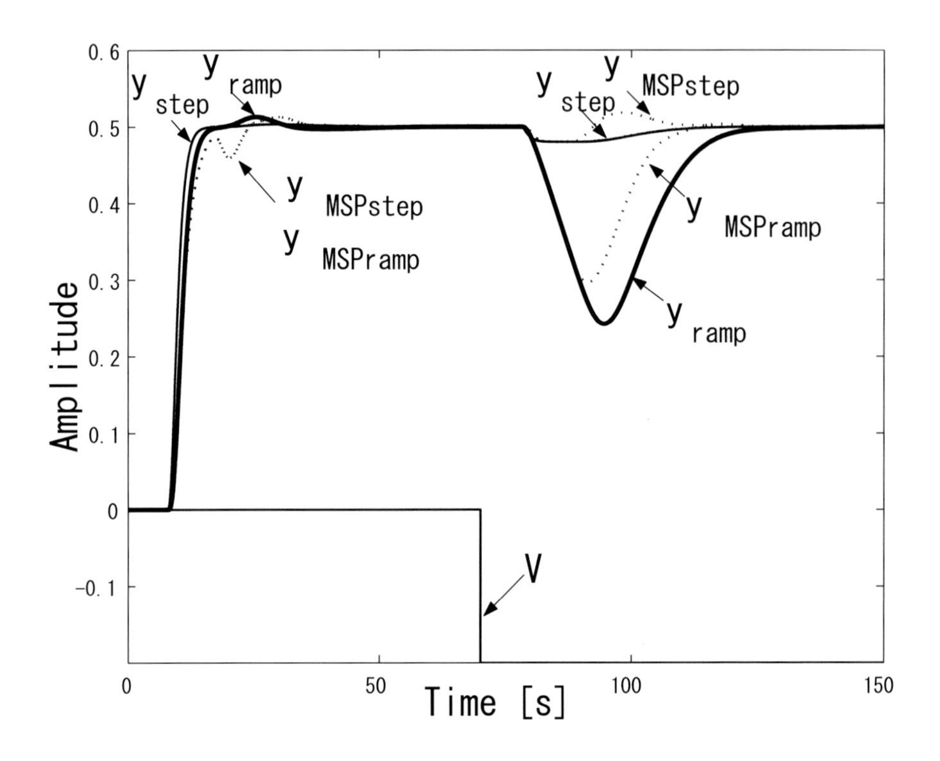

図 4.10: 大きいむだ時間をもつ系の最小位相状態観測・制御器 ($y_{\rm step}$ および $y_{\rm ramp}$) と改良スミス予測器 ($y_{\rm MSPstep}$ および $y_{\rm MSPramp}$) との比較
$f_1(s), f_2(s)$ を設計アルゴリズムから求める。

4.6.4 むだ時間制御のシミュレーション

最小位相状態観測値と真値

むだ時間系に最小位相状態観測器・制御器を適用したときのシミュレーション結果のうち，最小位相状態出力に関連するものを図 4.7 に示す。ここで太破線は最小位相状態真値 $z(t)$，実線は最小位相状態観測値 $z_{\rm obs}(t)$，他の実線は操作端ステップ外乱 $v(t)$，細点線 $n(t)$(零入力) である。

最小位相状態の観測値 $z_{\rm obs}(t)$ は外乱 $v(t)$ があってもほぼ定常値を保持し，最小位相状態制御器の効果をあらわす。

しかし最小位相状態の真値 $z(t)$ は外乱 $v(t)$ とともに変動する。これはむだ時間中は外乱は出力に表れず，従って観測値にも検出されないからである。むだ時間経過後に外乱が観測値 $z_{\mathrm{obs}}(t)$ に表れるとともに真値 $z(t)$ は定常値に収束する。

入出力目標値応答および外乱応答

全体系の入出力目標値応答および外乱応答のシミュレーションを図 4.8 に示す。ここで太破線は出力 $y(t)$，実線は最小位相状態観測値 $z_{\mathrm{obs}}(t)$，点線は目標とする入出力特性 $W_{\mathrm{min}}G_{\mathrm{all}}(t)$，他の実線は操作端ステップ外乱 $v(t)$ である。

外乱応答では操作端ステップ外乱 (大きさ $+0.2$) の影響はそのまま大きさ $+0.2$ で出力に表れるが，むだ時間経過後は抑制されて定常偏差零となる。

操作端ステップ外乱 $v(t)$ が印加されたときむだ時間経過中は観測器は外乱検出器としては機能しない。しかし目標値応答については位相進み特性は働くのでむだ時間期間を除けば出力 $y(t)$ も目標入出力特性 $W_{\mathrm{min}}G_{\mathrm{all}}(t)$ に追従し定常偏差は零である。

目標入出力特性 $W_{\mathrm{min}}G_{\mathrm{all}}(t)$ への最小位相状態観測値 $z_{\mathrm{obs}}(t)$ の追従は過渡特性を含めて良好である。

最小位相状態制御器は 2 自由度系であってその効果が過渡特性，目標値追従性に表れている。

むだ時間変動の影響

むだ時間変動の影響については制御対象のむだ時間変動幅を $\pm 0.10[-]$ として実機特性のむだ時間がモデル値の 1.10 倍 ($8.8[s]$) であるときの応答シミュレーションを図 4.9 に示す。

むだ時間変動の影響がいずれも過渡応答の後半に，また操作端外乱の最大値に対応して表れているが，定常偏差零には影響しない。

4.7 改良スミス予測器制御との比較

改良スミス予測器制御の数値例 [29] と比較検討する。制御対象は遅れ時間に対してむだ時間が大きく積分特性をもつ。そして定常ゲインが 0.2 で操作端外乱の符号が負である。ここで定常ゲインは前述の数値例の $1/10$，外乱の符号が逆，他は前述の数値例と同一条件である。

$$G(s) = \frac{0.2}{s(s+1)(s+2)} \exp(-8s) \tag{4.35}$$

$$P(s) = \frac{0.2}{s(s+1)(s+2)} \frac{1}{(0.1s+1)} \exp(-8s) \tag{4.36}$$

実機モデルは設計モデルに一次遅れ $1/(0.1s+1)$ が付加している。操作端外乱として大きさ -0.2 のステップ外乱が入る。さらにステップ外乱を積分したランプ外乱の場合を比較する。(このとき $G(s)$，$P(s)$ とも積分の次数を 1 から 2 に増加する。) 操作端外乱がランプ外乱の場合が改良スミス予測器制御に対応する。

改良スミス予測器（MSP）による数値例との比較を図 4.10 に示す。最小位相状態観測・制御器は実線 (ステップ外乱 $y_{\rm step}$) と太実線 (ランプ外乱 $y_{\rm ramp}$) で，改良スミス予測器は点線 (ステップ外乱 $y_{\rm MSPstep}$) と同じく点線 (ランプ外乱 $y_{\rm MSPramp}$) である。

外乱応答 最小位相状態観測器・制御器構成の外乱応答は，ステップ外乱に対する出力の最大値は最小位相状態観測器・制御器 ($y_{\rm step}$) と改良スミス予測器 ($y_{\rm MSPstep}$) とでほぼ同じである。ランプ外乱による出力の最大値は，前者 ($y_{\rm ramp}$) は後者 ($y_{\rm MSPramp}$) の約 1.30 倍である。

入出力目標値応答 目標値応答の整定時間 (±5 %) についてみると，最小位相状態観測器・制御器 (出力 $y_{\rm step}$ および $y_{\rm ramp}$) がむだ時間 (8.0[s]) の大きさ以下で，ほぼなめらかな応答波形である。

改良スミス予測器 ($y_{\rm MSPstep}$ と $y_{\rm MSPramp}$) では過渡特性に変動が大きく，整定時間がむだ時間より大きく前者の 2 倍以上である。

制御系全体特性の検討 改良スミス予測器では制御対象に合わせて調整した近似微分を適用しており，早期に外乱を検出し操作量を決めている。これは外乱応答にはよいが，影響が目標値応答に表れて振動的な応答特性になり，整定時間を増加させているみられる。

改良スミス予測器の場合を基準とすると，最小位相状態観測・制御器の場合では外乱応答最大値は約 30%の増加であるが，目標値応答はなめらかで整定時間は 1/2 以下であって，制御系全体特性の性能向上があるといえよう。

遅れ時間に比較してむだ時間が大きい制御対象について，最小位相状態観測・制御器を適用すれば，入出力応答の速応性と外乱抑制との両立が改良スミス予測器に比べ，改善されることが示された。

4.8　本章のまとめ

大きなむだ時間をもつ制御対象に，むだ時間を分離した最小位相状態を想定した。設定した目標特性に最小位相状態の値を合致させる最小位相状態制御器とその最小位相状態を推定する観測器とを組み合わせた観測・制御器構成により，速応性と外乱抑制がむだ時間制御において両立することを示した.

外乱の結果が出力に現れるのはむだ時間経過後でむだ時間中は外乱が検出されず外乱抑制は行えない，というむだ時間系固有の物理的制約がある。またむだ時間にパデ近似を用いるとき位相遅れを表現するには高次のパデ近似が必要になる。

これらの点を考慮して大きいむだ時間系の観測・制御器系を構成すれば，従来困難であった速応性と外乱抑制のある制御が簡明な構成で可能である。

数値例では改良スミス予測器制御 (MSP) による従来法のむだ時間制御系は外乱オブザーバによって外乱抑制は改良されたが，目標値応答は充分とはいえない。本論文の方法では 2 自由度系の目標値応答の速応性が改善され，ロバスト性をもった外乱抑制との両立が可能となった。

第5章　拡張逆関数をもちいたフィードフォワードによる非最小位相系制御

5.1　はじめに

フィードバック制御は制御系の極配置を設計することができるが，零点を動かすことはできない。したがって零点が不安定領域に存在することによって現れる非最小位相特性を改善するには，フィードバック制御だけでは難しい。

従来，目標値信号の未来値を用いる予測制御あるいは予見制御 [15] [37] とよばれる方法が最適制御，H_∞ 制御などを用いて行われている。これらは目標値信号をフィードフォワードして零点の配置を調整する機能をもつ有効な制御であるが，評価関数を用いる場合に共通するところの試行による調整が必要である。

このように非最小位相系に対してはフィードフォワード制御によらざるをえず，その効果を十分に発揮させるためには制御対象の入出力を逆転した逆関数 (inverse function) が陽に必要となる。

逆関数の求解法としては入力波形によって逆関数に相当する出力を与える方法 [38] などがあるが，逆ラプラス変換をもちいて制御対象全体を逆転する複雑な過程であり，逆関数として陽な形ではない。本書ではフィードフォワードとフィードバックの併合制御からなる制御系構成を想定する。そして非最小位相特性の構成要素である全域通過関数についての逆関数を陽な形で，近似的な拡張逆関数 [39] として導入する。つぎに制御対象の全域通過関数を補償するフィードフォワード制御とこれを施すタイミング補償を，を，この拡張逆関数を用いて求める。非最小位相特性を抑

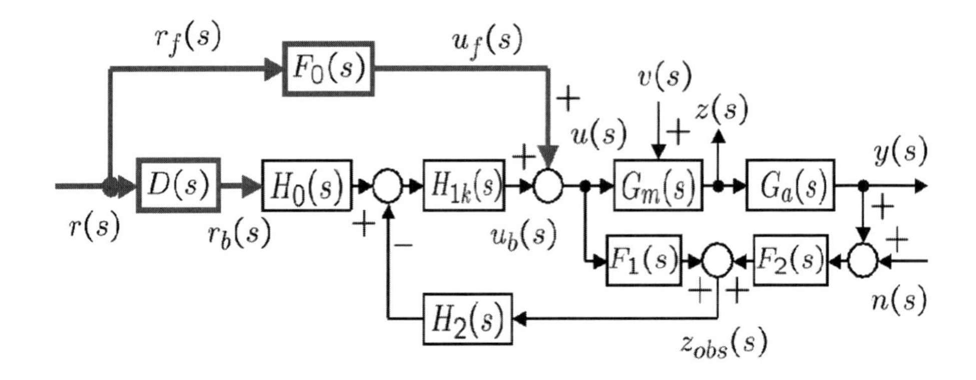

図 5.1: 拡張逆関数による非最小位相系のフィードフォワード・フィードバック併合制御系

制するフィードフォワード制御の効果を検証する。

2 節に課題となるフィードフォワードとフィードバックの併合制御系を示す。3 節において拡張逆関数を陽に導く。4 節で最小位相状態についてのフィードバック制御系の構成を示し，5 節では拡張逆関数によるフィードフォワード補償とフィードフォワード・フィードバック併合制御を検討する。6 節で設計手順を示し，7 節に数値例を挙げる。

5.2 問題の設定

不安定零点を持たない伝達関数を最小位相関数 (minimum phase function) とする。ゲイン特性が全周波数において 1 である安定な伝達関数は全域通過関数 (all-pass function) といわれる。有理関数は一般に非最小位相関数であって，最小位相関数と全域通過関数の積で表現される (ボーデの伝達関数定理 [8])。本書では，積分要素をもつ場合や不安定系を含めた最小位相関数とする。

1 入力 1 出力系の入力 $u(s)$ と出力 $y(s)$ の制御対象 $G(s)$ を，既約でプロパーな最小位相関数 $G_m(s) = g_{mN}(s)/g_{mD}(s)$ と全域通過関数 $G_a(s) = g_{aN}(s)/g_{aD}(s)$ の従属接続モデル $G(s) = G_a(s)G_m(s)$ で表し，設計モデルとする。そして最小位相関数

$G_m(s)$ は，積分補償要素 $1/s^{k_i}$ $(k_i = 1, 2 \ldots)$ を前置する構成をもち，$G_m(s)G_a(s) = \frac{1}{s^{k_i}}G_{m0}(s)G_a(s)$ とする。制御対象の原系を $G_0(s) = G_{m0}(s)G_a(s)$ とし，等価外乱 $v(s)$ が原系の入力端に加わる構成とする。

最小位相関数の $g_{mD}(s)$ は n_{mD} 次のモニックな多項式で，その零点は不安定零点を含むことがある。$g_{mN}(s)$ は $(n_{mD}-1)$ 次以下の，モニックではない安定多項式とする。全域通過関数 $G_a(s)$ は定数項 1 の同次有理多項式である。全域通過関数の $g_{aN}(s)$ と最小位相関数の $g_{mD}(s)$ は既約とする。次数はそれぞれ $n_{mN} < n_{mD}$，$n_{aN} = n_{aD}$ である。最小位相関数 $G_m(s)$ の出力を最小位相状態 $z(s)$ と呼び，最小位相状態からのフィードバック系を構成すれば，全域通過関数の位相おくれを含まない制御が可能となる。

本書の課題は，非最小位相系の制御対象についての，(1) 全域通過関数の逆関数の導出 (拡張逆関数)，(2) 拡張逆関数を用いたフィードフォワード・フィードバック併合制御系による非最小位相特性の抑制 である。

フィードフォワード・フィードバック併合制御系の構成を図 5.1 に示す。併合制御系全体では目標値入力 $r(s)$，出力 $y(s)$，操作入力 $u(s)$，外乱入力 $v(s)$，観測雑音 $n(s)$ および制御対象の最小位相状態 $z(s)$ とする。

そのうちフィードバック制御系では，入力 $r_b(s)$，出力 $y_b(s)$，操作入力 $u_b(s)$ をもつ。最小位相状態 $z(s)$ の観測値 $z_{\mathrm{obs}}(s)$ をフィードバックし，補償要素を $H_0(s)$，$H_{1k}(s)$，$H_2(s)$ とする。最小位相状態観測器では，操作入力 $u(s)$，出力 $y(s)$ から観測器補償要素 $F_1(s)$，$F_2(s)$ によって観測値 $z_{\mathrm{obs}}(s)$ を求める。

フィードフォワード制御系には，入力タイミング補償要素 $D(s)$ とフィードフォワード補償要素 $F_0(s)$ がある。フィードフォワード補償要素では入力 $r_f(s)$，出力 $u_f(s)$ とし，$u_f(s)$ とフィードバック系の操作入力 $u_b(s)$ とを合算して全体系の操作入力 $u(s)$ とする構成である。

5.3 全域通過関数の拡張逆関数

全域通過関数は複素平面の右半面にある不安定な零点をもつので，入出力逆転した逆関数は存在しない。そこで全域通過関数の逆関数をおくれ時間に関連させた形で導入し，おくれ時間を含む意味で，拡張逆関数 (extended inverse function) [40] とする。おくれ時間要素をそのパデ近似形で定める。近似の精度に応じてパデ近似次数 k を十分大きく選ぶ。

定義 5.1. おくれ時間要素 $\exp(-Ls)$ の次数 k のパデ近似形を $\mathrm{pade}(L,k) = e_N(s)/e_D(s)$ で表したとき，$\exp(-Ls)$ の近似形を同次有理多項式によって改めて定義し，

$$\text{Pade approx. of} \exp(-Ls) = \frac{e_N(s)}{e_D(s)} \tag{5.1}$$

とする。 □

全域通過関数の零点，極が虚軸に近接しているときにはその応答特性は振動的で，悪条件 (ill-condition) である。悪条件ではない全域通過関数を対象とする。

定義 5.2. 拡張逆関数

全域通過関数 $A(s)$，$B(s)$ とおくれ時間要素 $\exp(-Ls)$ について，

$$\varepsilon(s) = [\text{Pade approx. of} \exp(-Ls)] - A(s)B(s) \tag{5.2}$$

の $\varepsilon(s)$ の大きさ $|\varepsilon(j\omega)|$ が十分に小さいとき，$A(s)$，$B(s)$ の一方を他方の拡張逆関数とし，

$$B(s) = \mathrm{inv}A(s) \cdot [\text{Pade approx. of} \exp(-Ls)] \tag{5.3}$$

などと表す。 □

全域通過関数 $G_a(s)$ をおくれ時間要素に近似したときのおくれ時間を等価的なおくれ時間 L_p[s] とする。n 次の全域通過関数 $G_a(s) = g_{aN}(s)/g_{aD}(s)$ とおくれ時間要素 approx. of $\exp(-Ls) = e_N(s)/e_D(s)$ について，次の定理がえられる。

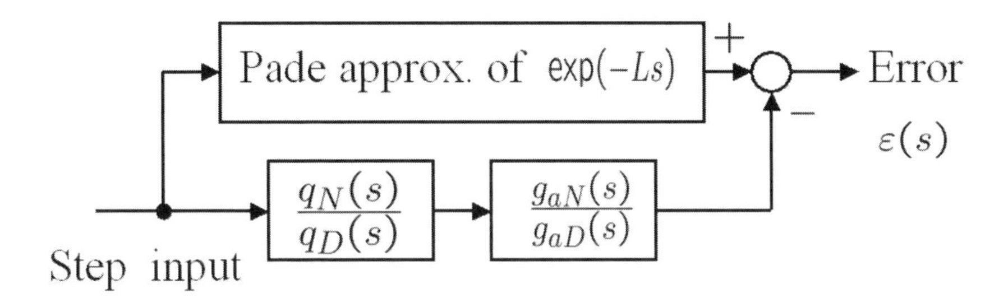

図 5.2: おくれ時間要素 $\exp(-Ls)$ のパデ近似と拡張逆関数 $\mathrm{inv}G_a(s) = q_N(s)/q_D(s)$

定理 5.1. 全域通過関数の拡張逆関数 n 次の全域通過関数 $G_a(s)$ の等価的なおくれ時間 L_p について，パデ近似 $\mathrm{pade}(L,k)$ の時間 $L \gg L_p$ で次数 k が十分大きい場合，展開項 $q_N(s)$，$q_D(s)$ および剰余項 $r_N(s)$，$r_D(s)$ をもつ展開式

$$q_N(s)g_{aN}(s) + r_N(s) = e_N(s) \tag{5.4}$$

$$q_D(s)g_{aD}(s) + r_D(s) = e_D(s) \tag{5.5}$$

からえられる $Q(s) = q_N(s)/q_D(s)$ は，$G_a(s)$ の安定な拡張逆関数 $\mathrm{inv}G_a(s)$ であり，$(n-1)$ 次の近似展開誤差 $\varepsilon(s)$ をもち，

$$\frac{e_N(s)}{e_D(s)} - \frac{q_N(s)}{q_D(s)}\frac{g_{aN}(s)}{g_{aD}(s)} = \varepsilon(s) \tag{5.6}$$

$$Q(s)G_a(s) \cong [\text{approx. of} \exp(-Ls)] \tag{5.7}$$

$$\mathrm{inv}G_a(s) = Q(s) = \frac{q_N(s)}{q_D(s)} \tag{5.8}$$

である。 □

証明. 展開項 $q_N(s)$，$q_D(s)$ が安定多項式であるとき近似誤差 $\varepsilon(s)$ のノルムは十分小さいことを示す。$r_N(s)$，$r_D(s)$ を展開式の剰余項としたとき，

$$\begin{aligned}
\varepsilon(s) &= \frac{e_N(s)}{e_D(s)} - \frac{q_N(s)}{q_D(s)}\frac{g_{aN}(s)}{g_{aD}(s)} && (5.9)\\
&= \frac{q_N(s)g_{aN}(s) + r_N(s)}{q_D(s)g_{aD}(s) + r_D(s)} - \frac{q_N(s)}{q_D(s)}\frac{g_{aN}(s)}{g_{aD}(s)} && (5.10)\\
&= \frac{q_N(s)}{q_D(s)}\frac{g_{aN}(s)}{g_{aD}(s)}\varepsilon_0(s) && (5.11)
\end{aligned}$$

ここで

$$\varepsilon_0(s) = \frac{1 + r_N(s)/q_N(s)g_{aN}(s)}{1 + r_D(s)/q_D(s)g_{aD}(s)} - 1 \tag{5.12}$$

とする。$q_D(s)$，$g_{aD}(s)$ は安定多項式であるから，

$$\varepsilon_0(s) \cong (1 + \frac{r_N(s)}{q_N(s)g_{aN}(s)})(1 - \frac{r_D(s)}{q_D(s)g_{aD}(s)}) - 1 \tag{5.13}$$

$$\cong \frac{r_N(s)}{q_N(s)g_{aN}(s)} - \frac{r_D(s)}{q_D(s)g_{aD}(s)} \tag{5.14}$$

となる。そのノルムは

$$|\varepsilon_0(s)| \leq \left|\frac{r_N(s)}{q_N(s)g_{aN}(s)}\right| \left|\frac{r_D(s)}{q_D(s)g_{aD}(s)}\right| \tag{5.15}$$

$$|\varepsilon(s)| \leq \left|\frac{q_N(s)g_{aN}(s)}{q_D(s)g_{aD}(s)}\right| |\varepsilon(s)_0| \tag{5.16}$$

$$= \left|\frac{q_N(s)g_{aN}(s)}{q_D(s)g_{aD}(s)}\right| \left|\frac{r_N(s)}{q_N(s)g_{aN}(s)}\right| \left|\frac{r_D(s)}{q_D(s)g_{aD}(s)}\right| \tag{5.17}$$

$$= \left|\frac{r_N(s)}{q_D(s)g_{aD}(s)}\right| \left|\frac{r_D(s)}{q_D(s)g_{aD}(s)}\right| \tag{5.18}$$

となる。最後の右辺は $s = j\omega$ が大きいとき十分小さいので，$|\varepsilon(s)|$ は小である。したがって

$$Q(s)G_a(s) \cong \exp(-Ls) \tag{5.19}$$

が成立する。 □

図 5.2 に全域通過関数と拡張逆関数およびおくれ時間が展開誤差にどのように関係するかを示す。

安定関数 $Q(s)$ とするためにパデ近似形 pade(L, k) の L を全域通過関数の等価的おくれ時間 L_p より十分大きく選び，次数 k も時間 L に対応して大きくとる必要がある。目安として，$L = (4 \sim 6) \cdot L_p$，$k = (3 \sim 6) \cdot L$ の範囲が適当であろう。

5.4　最小位相状態フィードバック制御系

制御対象の最小位相状態 $z(s)$ についてのフィードバック制御系と補償要素の概要を，図 5.1 の構成について述べる [39] 。

制御系は補償要素が3個あり，2自由度をもつ。フィードバック制御系の目標値入力 $r_b(s)$，出力 $y_b(s)$ について，入出力特性 $y_b(s)/r_b(s)$ の目標特性 $w_N(s)/w_D(s)$ および閉ループの特性多項式の目標特性 $w_{wD}(s)$ を設定する。多項式 $w_{wD}(s)$，$w_D(s)$ の次数は制御対象の $g_{mD}(s)$ の次数と等しくとる。また設計のために補助多項式 $c_N(s)$，$d_0(s)$ を導入して，それぞれ次数 $(\mathrm{deg}g_{mD}(s) - \mathrm{deg}g_{mN}(s))$，$\mathrm{deg}g_{mD}(s)$ の安定多項式とする。

補題 5.1. 最小位相状態制御器

補助多項式 $c_N(s)$ の零点の絶対値を閉ループの目標特性 $w_{wD}(s)$ のそれよりも十分大きくとるとき，多項式方程式

$$a(s)g_{mD}(s) + b(s) = c_N(s)(w_{wD}(s) - g_{mD}(s)) \tag{5.20}$$

の解 $a(s)$，$b(s)$ から，制御系の補償要素 $H_0(s)$，$H_{1k}(s)$ および $H_2(s)$ を設定し，

$$H_0(s) = \frac{w_N(s)w_{wD}(s)}{w_D(s)}\frac{c_N(s)}{d_0(s)} \tag{5.21}$$

$$H_{1k}(s) = \frac{d_0(s)}{(c_N(s)+a(s))g_{mN}(s)} \tag{5.22}$$

$$H_2(s) = \frac{b(s)}{d_0(s)} \tag{5.23}$$

フィードバック制御の操作量 $u_b(s)$ を

$$u_b(s) = H_{1k}(s)(H_0(s)r_b(s) - H_2(s)z(s)) \tag{5.24}$$

とするならば，閉ループの特性多項式の主要な零点は $w_{wD}(s)$ の零点と等しく，入出力特性は目標特性に一致する。

$$\frac{y_b(s)}{r_b(s)} = \frac{w_N(s)}{w_D(s)} \tag{5.25}$$

□

証明. 制御対象の最小位相関数 $G_m(s)$ と補償要素 $H_{1k}(s)$，$H_2(s)$ による閉ループでは，閉ループのみの入力 $r_0 = H_0(s)r_b(s)$ と一巡伝達関数 $L(s)$ から

$$L(s) = H_2(s)G_m(s)H_{1k}(s) = \frac{b(s)}{(c_N(s)+a(s))g_{mD}(s)} \tag{5.26}$$

$$\frac{y_b(s)}{r_0(s)} = \frac{1}{1+L(s)}G_{mD}(s)H_{1k}(s) \tag{5.27}$$

である。閉ループ入出力特性は，

$$\frac{y_b(s)}{H_0(s)r_b(s)} = \frac{d_0(s)}{c_N(s)w_{wD}(s)} \tag{5.28}$$

となる。$c_N(s)$ の零点の絶対値が十分大きいとき，閉ループ特性多項式 $c_N(s)w_{wD}(s)$ の低周波領域における主要な零点は $w_{wD}(s)$ の零点と等しい。そして入出力特性 $y_b(s)/r_b(s)$ は補償要素 $H_0(s)$ により設定した目標特性に一致する。 □

最小位相状態 $z(s)$ からのフィードバックには観測値 $z_{\mathrm{obs}}(s)$ を用いるので，最小位相状態観測器が必要である。制御対象がもつ次に示される $g_{aN}(s)$ と $g_{mD}(s)$ からなる伝達要素に着目する。

$$G_a(s)G_m(s) = \frac{g_{aN}(s)}{g_{aD}(s)} \cdot \frac{g_{mN}(s)}{g_{mD}(s)} = \frac{g_{aN}(s)}{g_{mD}(s)} \cdot \frac{g_{mN}(s)}{g_{aD}(s)} \tag{5.29}$$

補題 5.2. 最小位相状態観測器

制御対象の構成要素 $g_{aN}(s)/g_{mD}(s)$ について，次数 $(n_{mD}+n_{aN}-1)$ のモニックな安定多項式 $f_0(s)$ を設定し，多項式方程式

$$f_{1p}(s)g_{mD}(s) + f_{2p}(s)g_{aN}(s) = f_0(s) \tag{5.30}$$

の解 $f_{1p}(s)$，$f_{2p}(s)$ から，

$$f_1(s) = f_{1p}(s)g_{mN}(s) \tag{5.31}$$

$$f_2(s) = f_{2p}(s)g_{aD}(s) \tag{5.32}$$

を求め，さらに，

$$F_1(s) = \frac{f_1(s)}{f_0(s)}, \quad F_2(s) = \frac{f_2(s)}{f_0(s)} \tag{5.33}$$

$$z_{\mathrm{obs}}(s) = F_1(s)u_b(s) + F_2(s)y_b(s) \tag{5.34}$$

とすれば，入力 $u_b(s)$，出力 $y_b(s)$ から観測器補償要素 $F_1(s)$，$F_2(s)$ を用いてえられる $z_{\mathrm{obs}}(s)$ は最小位相状態 $z(s)$ の観測値である。 □

証明. 最小位相関数 $g_{mN}(s)/g_{mD}(s)$ については入出力逆転した逆システムが成り立つので

$$u_b(s) = \frac{g_{mD}(s)}{g_{mN}(s)} z(s) \tag{5.35}$$

である。$u_b(s)$ および $f_1(s)$，$f_2(s)$ を (5.34) 式に適用すると，観測値と真値との比 $z_{\mathrm{obs}}(s)/z(s)$ は

$$\frac{z_{\mathrm{obs}}(s)}{z(s)} = \frac{f_{1p}(s)g_{mN}(s)}{f_0(s)} \frac{g_{mD}(s)}{g_{mN}(s)} + \frac{f_{2p}(s)g_{aD}(s)}{f_0(s)} \frac{g_{aN}(s)}{g_{aD}(s)} \tag{5.36}$$

である。安定多項式は相殺可能であって (5.30) 式から，

$$\frac{z_{\mathrm{obs}}(s)}{z(s)} = \frac{f_{1p}(s)g_{mD}(s) + f_{2p}(s)g_{aN}(s)}{f_0(s)} = 1 \tag{5.37}$$

となる。観測される制御対象が設計モデルに等しい場合には，観測値 $z_{\mathrm{obs}}(s)$ は真値 $z(s)$ に一致する。 □

5.5 フィードフォワード・フィードバック併合制御

最小位相状態についてのフィードバック制御系にフィードフォワード補償を加えると，図 5.1 のフィードフォワード・フィードバック併合制御系となる。

フィードフォワード補償が全域通過関数 $G_a(s)$ の影響を相殺・補正する機能を，最小位相状態の真値 $z(s)$ について，以下に検討する。

制御系の設計は $z(s) = z_{\mathrm{obs}}(s)$ として行い，実施する段階では観測値 $z_{\mathrm{obs}}(s)$ に置き換える。

【フィードバック制御系の入出力特性】

フィードバック制御系のみの入出力間経路を図 5.3 に示す。入力タイミング補償要素 $D(s)$ の出力がフィードバック制御系の目標値入力 $r_b(s)$ となる。

フィードバック制御系の入出力特性 $y_b(s)/r(s)$ は，

$$r_b(s) = D(s)r(s) \tag{5.38}$$

$$\frac{y_b(s)}{r(s)} = G_a(s) \frac{w_N(s)}{w_D(s)} D(s) \tag{5.39}$$

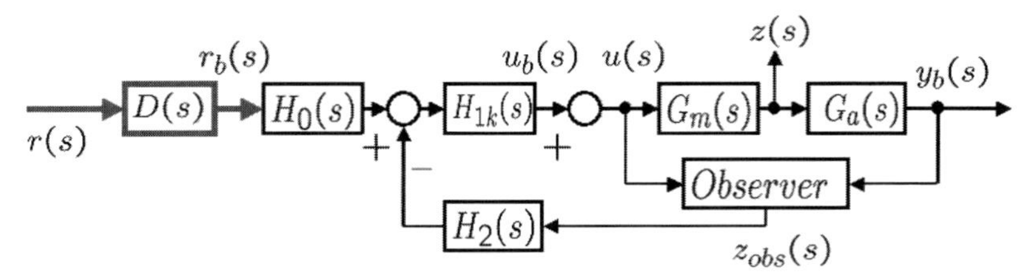

図 5.3: フィードバック制御系の区別された入出力間経路

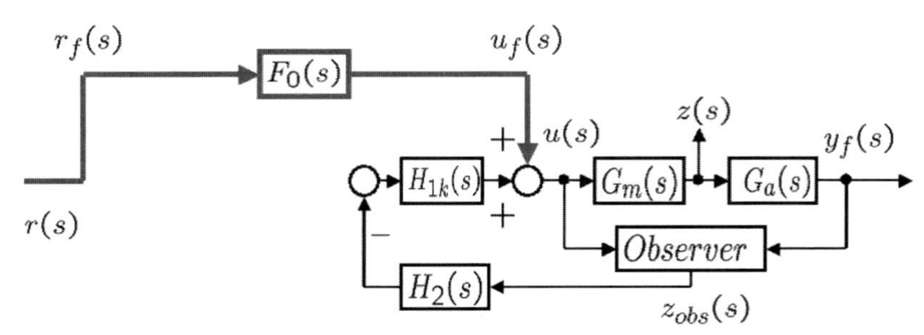

図 5.4: フィードフォワード制御系の区別された入出力間経路

である。 □

フィードフォワード制御のみの入出力間経路を図 5.4 に示す。目標値入力 $r_f(s) = r(s)$ がフィードフォワード補償要素 $F_0(s)$ に与えられ，その出力 $u_f(s) = F_0(s)r_f(s)$ がフィードバック制御系の操作入力に加算される。

【フィードフォワード制御の入出力特性】

フィードフォワード制御のみの場合に入出力特性 $y_f(s)/r_f(s)$ を求める。フィードフォワード補償要素 $F_0(s)$ を入れて，最小位相状態 $z(s)$ に着目する。

$$
\begin{aligned}
\frac{u_f(s)}{r_f(s)} &= F_0(s) \qquad (5.40)\\
\frac{z(s)}{r_0(s)} &= \frac{1}{w_{wD}(s)}\frac{d_0(s)}{c_N(s)}\\
\frac{r_0(s)}{u_f(s)} &= \frac{1}{H_{1k}(s)} = \frac{(c_N(s)+a(s))g_{mN}(s)}{d_0(s)}\\
\frac{z(s)}{u_f(s)} &= \frac{z(s)}{r_0(s)}\frac{r_0(s)}{u_f(s)}\\
&= \frac{1}{w_{wD}(s)}\frac{(c_N(s)+a(s))g_{mN}(s)}{c_N(s)}
\end{aligned}
$$

の関係があるので，

$$
\begin{aligned}
\frac{y_f(s)}{r_f(s)} &= \frac{y_f(s)}{z(s)}\frac{z(s)}{u_f(s)}\frac{u_f(s)}{r_f(s)}\\
&= G_a(s)\frac{(c_N(s)+a(s))g_{mN}(s)}{c_N(s)w_{wD}(s)}F_0(s) \qquad (5.41)
\end{aligned}
$$

となる。 □

【併合制御系の入出力特性】

併合制御系全体の入出力特性 $y(s)/r(s)$ はフィードバックとフィードフォワードの各経路 $y_b(s)/r(s)$，$y_f(s)/r(s)$ から，

$$
\begin{aligned}
\frac{y(s)}{r(s)} &= \frac{y_b(s)}{r(s)} + \frac{y_f(s)}{r(s)} = G_a(s)\frac{w_N(s)}{w_D(s)}D(s)\\
&+G_a(s)\frac{(c_N(s)+a(s))g_{mN}(s)}{c_N(s)w_{wD}(s)}F_0(s) \qquad (5.42)
\end{aligned}
$$

である。 □

全域通過関数の影響が補償されて，目標入出力特性に表れないことが併合制御系の目的である。

定理 5.2. 目標入出力特性とフィードフォワード補償拡張逆関数 $\mathrm{inv}G_a(s)$ をおくれ時間要素 $\exp(-Ls)$ について求め，目標入出力特性を

$$
\frac{y(s)}{r(s)} = \frac{w_N(s)}{w_D(s)}\exp(-Ls) \qquad (5.43)
$$

に設定した場合，入力タイミング補償要素 *D(s)* を

$$
D(s) = \exp(-Ls) \qquad (5.44)
$$

とすれば，フィードフォワード補償要素 $F_0(s)$ を

$$
\begin{aligned}
F_0(s) = \quad & \frac{c_N(s) w_{wD}(s)}{(c_N(s)+a(s)) g_{mN}(s)} \cdot \\
& \text{inv}G_a(s) \cdot (1 - G_a(s)) \frac{w_N(s)}{w_D(s)}
\end{aligned}
\tag{5.45}
$$

に構成したフィードバック・フィードフォワード併合制御によって，目標入出力特性がえられる。 □

証明. $D(s) = \exp(-Ls)$ に設定し，併合制御系の入出力特性 (5.42) 式を目標入出力特性 (5.43) 式にとれば，フィードフォワード制御系の入出力特性 $y_f(s)/r(s)$ は，

$$
\frac{y_f(s)}{r(s)} = \frac{y(s)}{r(s)} - \frac{y_b(s)}{r(s)} = (1 - G_a(s)) \frac{w_N(s)}{w_D(s)} D(s) \tag{5.46}
$$

でなければならない。これをフィードフォワード制御系構成 (5.41) 式に等置した関係

$$
\begin{aligned}
& (1 - G_a(s)) \frac{w_N(s)}{w_D(s)} D(s) = \\
& \quad G_a(s) \frac{(c_N(s)+a(s)) g_{mN}(s)}{c_N(s) w_{wD}(s)} F_0(s)
\end{aligned}
\tag{5.47}
$$

において $G_a(s)$ の逆関数として拡張逆関数 $\text{inv}G_a(s)$ を (5.47) 式の両辺に乗ずる。(5.7) 式から近似展開誤差 $\varepsilon(s)$ 小のとき $\text{inv}G_a(s) \cdot G_a(s) = \exp(-Ls) = D(s)$ とおくことができる。したがって，

$$
\begin{aligned}
& \text{inv}G_a(s)(1 - G_a(s)) \frac{w_N(s)}{w_D(s)} D(s) = \\
& \quad D(s) \frac{(c_N(s)+a(s)) g_{mN}(s)}{c_N(s) w_{wD}(s)} F_0(s) = 0
\end{aligned}
\tag{5.48}
$$

となるためには，(5.45) 式が $F_0(s)$ の必要条件となる。

逆に $F_0(s)$ を (5.45) 式に設定すれば，全体の入出力特性は目標入出力特性 (5.43) 式に等しくなる。$F_0(s)$ は目標入出力特性のための必要十分条件である。 □

入力タイミング補償を $D(s) = \exp(-Ls)$ とした結果，フィードフォワード，フィードバックのタイミングが合って，全域通過関数 $G_a(s)$ が $\exp(-Ls)$ に置き換えられる。

5.6 フィードフォワードによる非最小位相系制御の設計手順

制御対象の設計モデルから次の手順でフィードバック，フィードフォワードの補償要素を設計して，併合制御構成とする。

step 1 設計モデルを設定する。

制御対象の原系 $G_a(s)G_{m0}(s)$ に積分補償 $1/s$ を前置した設計モデルとする。原系の入力端に等価外乱 $v(s)$ が加わる。

$$G(s) = G_a(s) \cdot \frac{1}{s} G_{m0}(s) = G_a(s)G_m(s)$$

step 2 拡張逆関数を求める。

全域通過関数 $G_a(s)$ の等価おくれ時間 L_p から $L \gg L_p$ を選定する。$\exp(-Ls)$ と $G_a(s)$ から，拡張逆関数 $\mathrm{inv}G_a(s) = Q(s) = q_N(s)/q_D(s)$ とする。((5.8) 式)

step 3 フィードバック補償要素と最小位相状態観測器を求める。フィードバックの閉ループの特性多項式 $w_{wD}(s)$ と目標特性 $w_N(s)/w_D(s)$ を設定し，補償要素 $H_0(s)$，$H_{1k}(s)$，$H_2(s)$ を求める。((5.22)，(5.22)，(5.23) 式)

観測器の特性多項式 $f_0(s)$ を設定し，観測器補償要素 $F_1(s)$，$F_2(s)$ を求める。((5.33) 式)

step 4 拡張逆関数 $\mathrm{inv}G_a(s)$ から，入力タイミング補償要素 $D(s) = \exp(-Ls)$ とし，フィードフォワード補償要素 $F_0(s)$ を求める。((5.45) 式)

step 5 入力タイミング補償 $D(s)$ とフィードフォワード補償 $F_0(s)$ をもつ併合制御構成とする。

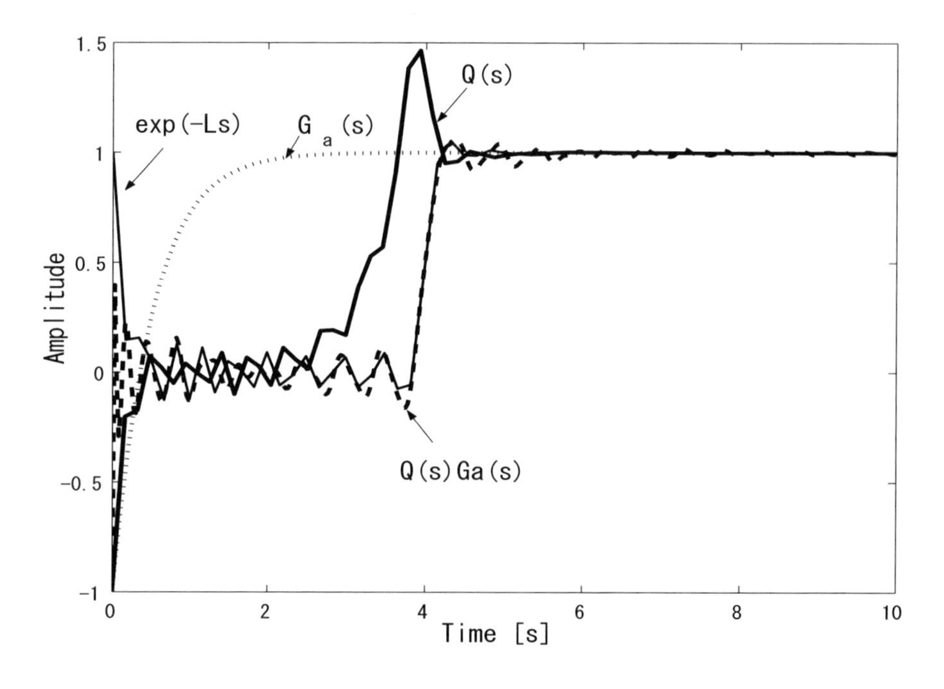

図 5.5: ステップ応答における逆応答系の拡張逆関数 $Q(s)$

5.7 数値例

制御対象をアンダーシューティング現象をもつ逆応答系とし，対応した制御系の設計定数を，

$$
\begin{aligned}
&\text{制御対象の最小位相系:} && G_m(s) = \frac{2s+1}{s(s^2+s+4)} \\
&\text{全域通過関数：} && G_a(s) = \frac{-0.5s+1}{0.5s+1} \\
&\text{最小位相系目標特性：} && \frac{w_N(s)}{w_D(s)} = \frac{12}{(s+2)^2(s+3)} \\
&\text{閉ループの特性多項式:} && w_{wD}(s) = (s+2)^2(s+3) \\
&\text{補助多項式：} && c_N(s) = (s+30)^2 \\
& && d_0(s) = (s+9)^2(s+10) \\
&\text{観測器の特性多項式：} && f_0(s) = (s+2)(s+3)(s+4)
\end{aligned}
$$

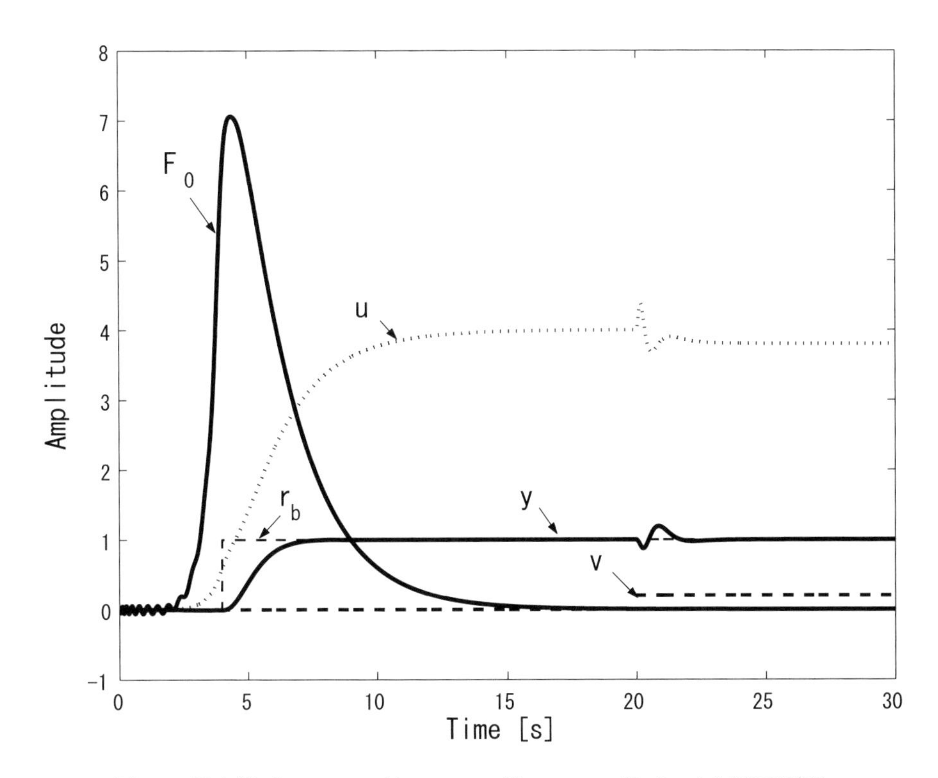

図 5.6: 逆応答系のフィードフォワード・フィードバック制御系特性

とする [39] [40] 。おくれ時間要素に近似したときの全域通過関数 $G_a(s)$ の等価おくれ時間を $L_p = 1$[s] とする。おくれ時間要素 $\exp(-Ls)$ の $L = 4$[s]，次数 $k = 24$ のパデ近似から拡張逆関数 $Q(s) = q_N(s)/q_D(s)$ を求める。

図 5.5 に $G_a(s)$(点線)，$Q(s) = \mathrm{inv}G_a(s)$(太実線)，$Q(s)G_a(s)$(破線)，$\exp(-Ls)$(実線) の 4 者のステップ応答を示す。$Q(s)G_a(s) \cong \exp(-Ls)$ が応答の立上り時を除いて，良好な精度で成立している。これは拡張逆関数の精度と妥当性を示している。

図 5.6 は併合制御系の制御特性のシミュレーション結果を示している。フィードフォワード補償要素 $F_0(s)$ の出力はステップ入力に対して微少量の値から始まりおくれ時間前後にかけてつづくことがわかる。

図 5.7 にフィードフォワード制御オンとオフ時の制御特性のシミュレーション結果を比較して示した。

フィードフォワード補償要素出力の加算が行われていないオフ状態では，出力 $y(t)$

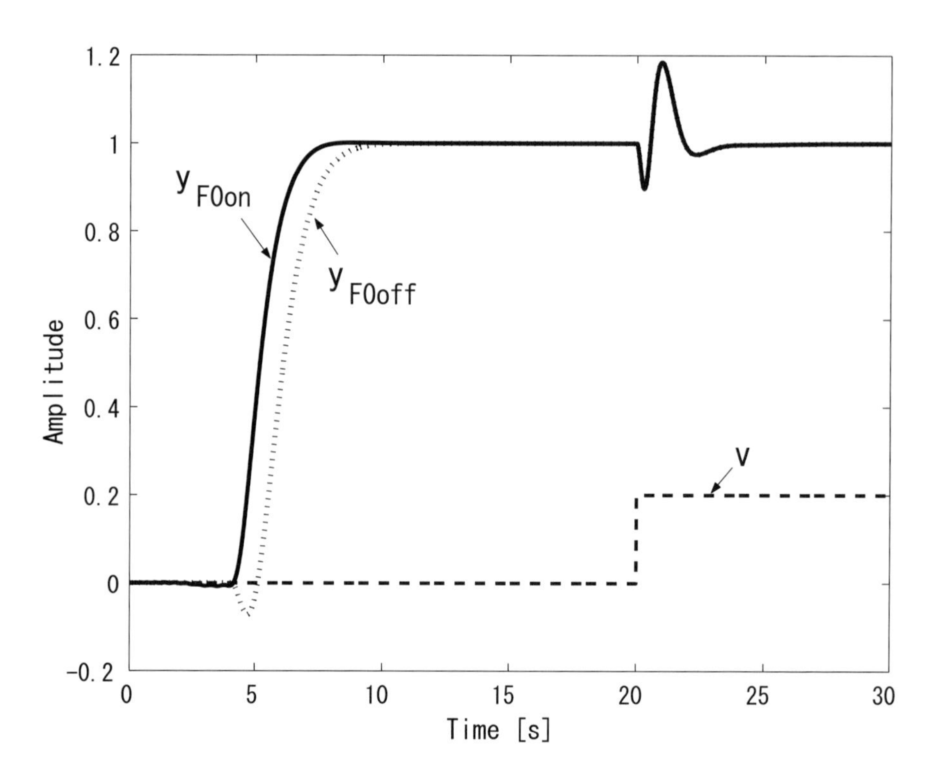

図 5.7: 逆応答系のフィードフォワード オンオフ時のフィードフォワード・フィードバック制御系特性

はまず負方向の応答から始まって正方向に転ずる逆応答特性を示す。

フィードフォワード補償要素出力の加算がオンしている状態では，出力 $y(t)$ はおくれ時間 L[s] 経過後から直ちに正方向の応答が始まる実線の応答波形を示し，逆応答が抑制された応答である。フィードフォワードの効果が生じて，全域通過関数がおくれ時間に置き換えられている。

また等価外乱についての外乱応答はフィードバック系の閉ループ特性に依存し，フィードフォワード補償の有無によらない。

5.8　本章のまとめ

本論文では非最小位相系の制御対象を構成する全域通過関数について，近似的な逆関数を陽に求めて拡張逆関数とした。

非最小位相特性を抑制するには最小位相状態に着目したフィードフォワード補償が有効で，補償要素は拡張逆関数から求められた。フィードフォワード・フィードバック併合制御を適用し，全域通過関数が入力タイミング補償要素のおくれ時間に置き換えられる制御系設計を示した。

数値例では逆応答系の応答初期にアンダーシューティングが発生するが，従来の報告には直接に対処する制御法は見当たらないようである。本論文の全域通過関数の拡張逆関数によるフィードフォワード制御では，非最小位相系の逆応答特性を直接的に抑制する効果が生じた。

第6章　非干渉化とフィードフォワード補償による多入出力最小位相状態制御系の設計

6.1　はじめに

各種の産業プロセスは一般に多入出力 (MIMO) 系で制御量の間の相互干渉から入出力特性が複雑になることが多い。非干渉化は入出力特性を 1 対 1 のスカラ系の集合に組織化するもので制御系設計上，重要である。従来，非干渉化制御は状態フィードバックによる非干渉化構成や，非干渉化直列補償器による制御構成などが行われてきた。

状態方程式表現による非干渉化 [41] [42] は状態フィードバックで，出力行列の干渉要素を除去すると同時に極配置を行う方法であり，状態変数を追加設定するなど複雑で適用例に乏しい。これに対して伝達関数行列表現による非干渉化 [43] では，制御対象の入力側に配置した直列補償要素により直接的に非干渉化し，えられた各スカラー系について極配置を行う構成であり，実施例が多い。

従来の非干渉化直列補償器は制御対象の伝達関数行列の逆行列を基に求める。直列補償器の各要素が安定，プロパーである必要条件があり，導出が難しい場合があった。また非干渉化の結果，原系にはない非最小位相特性が新たに生じる [44] ことがあり，非最小位相特性はフィードバック制御では補償できないので入出力特性に残るという問題点があった。

本論文では，制御対象の伝達関数行列について最小次数の非干渉化直列補償器 [45] を構成する。

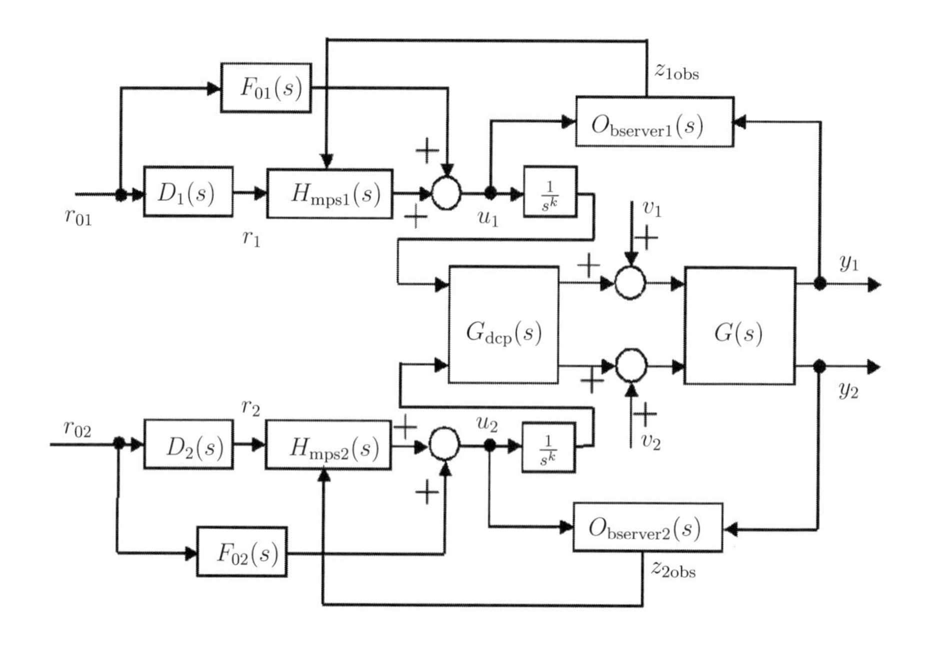

図 6.1: 非干渉化とフィードフォワード補償のある多入出力最小位相状態制御系の構成

伝達関数行列あるいは多項式行列から対角行列を分離したとき残る要素をもつ行列を骨格行列とする。与えられた伝達関数行列から骨格行列を求め，さらに残った多項式行列から骨格行列を算出する。その逆行列をとって非干渉化直列補償器を導くと安定で最小次数の非干渉化補償の構成となる。

非干渉化の結果，個別のスカラー系がえられるので，それぞれの最小位相状態を観測して最小位相状態制御を施す。スカラー系が逆応答などの非最小位相特性をもつときにはさらに，フィードフォワード補償 [46] を加えて非最小位相特性を抑制する [47] 。

第 2 節では検討する制御対象と非干渉化の問題を設定し，第 3 節において非干渉化直列補償器の構成原理と設計アルゴリズムを述べる。第 4 節では非最小位相特性のフィードフォワード補償と最小位相状態制御について構成原理を示し，第 5 節に

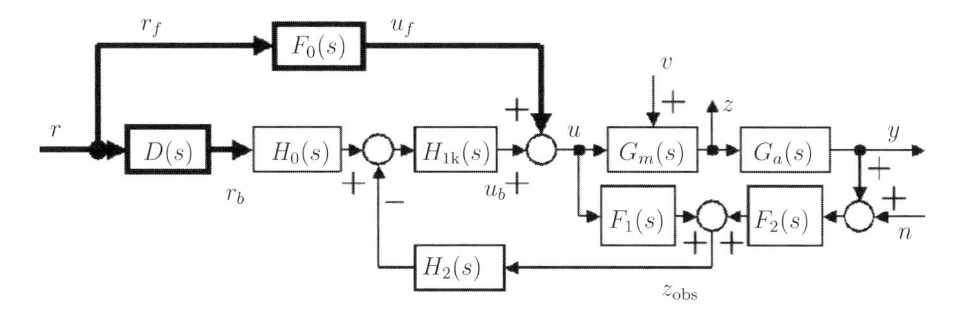

図 6.2: 骨格行列非干渉化によるフィードフォワード・フィードバック併合制御系

設計手順をまとめる。

第 6 節は数値例であって，非干渉化の結果，非最小位相特性が生ずる 2 入力 2 出力系について，最小位相状態非干渉化制御系の設計を行う。第 7 節を結言とする。

6.2 問題の設定

不安定零点を持たない伝達関数は最小位相関数 (minimum phase function) であって，ゲイン特性が全周波数において 1 である安定な伝達関数は全域通過関数 (all-pass function) といわれる。有理関数は一般に非最小位相関数であり，最小位相関数と全域通過関数の積で表現される (ボーデの伝達関数定理 [8])。

本書では，不安定系や積分要素をもつ場合を含めて最小位相関数として扱い，最小位相関数の出力を最小位相状態 $z(s)$ とする。

m 入力 m 出力系の制御対象の伝達関数行列を，i 番目の出力 $[y_i(s)]^T$，j 番目の入力 $[u_j(s)]^T(i, j = 1, 2, ..., m)$ として，

$$G(s) = \left[\frac{g_{\rm Nij}(s)}{g_{\rm Dij}(s)}\right] = \frac{G_N(s)}{g_{\rm D}(s)} \tag{6.1}$$

と表わす。$g_{\rm Dij}(s)$ の最小公倍多項式を $g_{\rm D}(s)$ としたときの分子多項式行列が $G_N(s) = [g_{\rm Nij}(s)]$ である。

制御対象 $G(s)$ に前置直列補償器 $G_{\rm dcp}(s)$ を施すと，

$$G(s)G_{\rm dcp}(s) = [{\rm diag}G_i(s)]_{\rm i=1,2,...,m} \tag{6.2}$$

非干渉化された m 個の 1 入力 1 出力の伝達関数 $G_i(s)$ $i = 1, 2, ..., m$ の並列系が構成される。

伝達関数 $G_i(s)$ $i = 1, 2, ..., m$ は既約でプロパーな最小位相関数 $G_{mi}(s)$ と全域通過関数 $G_{ai}(s)$ の縦続接続で表わされ，それぞれを有理多項式とする。

$$G_i(s) = G_{\mathrm{ai}}(s)G_{\mathrm{mi}}(s) \tag{6.3}$$

$$G_{\mathrm{mi}}(s) = \frac{g_{\mathrm{mNi}}(s)}{g_{\mathrm{mDi}}(s)} \tag{6.4}$$

$$G_{\mathrm{ai}}(s) = \frac{g_{\mathrm{aNi}}(s)}{g_{\mathrm{aDi}}(s)} \tag{6.5}$$

そして最小位相関数 $G_{\mathrm{mi}}(s)$ は，積分補償要素 g_{ki}/s を前置する構成をもち，

$$g_{\mathrm{ki}} \cdot g_{\mathrm{mNi}}(0) = 1 \tag{6.6}$$

とする。最小位相関数の $g_{mDi}(s)$ は n_{mDi} 次のモニックな多項式で，安定とは限らない。$g_{mNi}(s)$ は（$n_{mDi}-1$）次以下の，モニックではない安定多項式とする。全域通過関数 $G_{ai}(s)$ は定数項 1 の同次有理多項式である。全域通過関数の $g_{aDi}(s)$ と最小位相関数の $g_{mDi}(s)$ は既約とする。次数はそれぞれ $n_{mNi} < n_{mDi}$，$n_{aNi} = n_{aDi}$ である。最小位相関数の出力を最小位相状態 $z_i(s)$ と呼び，最小位相状態観測値 $z_{\mathrm{obsi}}(s)$ からのフィードバック系を構成する。

最小位相状態制御系は，最小位相状態についての観測器と 2 自由度フィードバック系を構成する制御器からなる。最小位相状態観測器を構成する補償要素を $F_{1i}(s) = f_{1i}(s)/f_{0i}(s)$，$F_{2i}(s) = f_{2i}(s)/f_{0i}(s)$ とし，2 自由度フィードバック系の制御器の補償要素を $H_{0i}(s)$，$H_{1ki}(s)$，$H_{2i}(s)$ とする。

フィードフォワード補償は，フィードフォワード補償要素 $F_{0i}(s)$ と入力タイミング補償要素 $D_i(s)$ からなる。フィードフォワード補償入力 $r_{fi}(s)$ は

$$r_i(s) = D_i(s)r_{fi}(s) \tag{6.7}$$

の関係にある。フィードフォワード補償を行う場合のゲイン係数 g_{ki} は，

$$g_{\mathrm{ki}} \cdot \frac{g_{\mathrm{mNi}}(0)}{w_{Di}(0)} = 1 \tag{6.8}$$

としてフィードフォワード量を正規化する。

非干渉化とフィードフォワード補償のある多入出力最小位相状態制御系の全体構成を図 6.1 に示す。非干渉化した結果のスカラー系についての最小位相状態制御系の基本構成は図 6.2 であって，フィードフォワード補償を含む。

非干渉化制御系全体では目標値入力 $r_i(s)$，出力 $y_i(s)$，最小位相状態 $z_i(s)$, 最小位相状態観測値 $z_{\mathrm{obsi}}(s)$, 操作入力 $u_i(s)$，等価外乱入力 $v_i(s)$，である。フィードフォワード補償出力 $u_{fi}(s)$ が操作入力 $u_i(s)$ の前段の積分補償要素の入力に加算される構成とする。

6.3　伝達関数行列の非干渉化

前置直列補償器によって多入出力系の制御対象を非干渉化する。線形多入出力系について最小次数の非干渉化直列補償器が存在することを示す。

制御対象の伝達関数行列あるいは多項式行列から行成分，あるいは列成分の共通要素からなる対角行列を分離する過程を繰り返す。残りの行列要素が最小次数となる行列を骨格行列とする。骨格行列の逆行列から非干渉化直列補償器を導く。

補題 6.1. 対角行列分解

伝達関数行列あるいは多項式行列 *K(s)* は，$K_{\mathrm{diag1}}(s)$，$K_{\mathrm{diag2}}(s)$ を対角行列に $K_0(s)$ を骨格行列としたとき

$$K(s) = K_{\mathrm{diag2}}(s)K_0(s)K_{\mathrm{diag1}}(s) \tag{6.9}$$

の形に分解できる。対角行列は有理多項式あるいは多項式を要素にもつ。 □

証明. 伝達関数行列 $K(s)$ の各列成分，各行成分から共通要素を抽出する。$K(s)$ の i 列の共通要素を対角行列 $K_{\mathrm{diag1}}(s)$ の (ii) 対角要素とすれば,

$$K(s) = K_1(s) \cdot K_{\mathrm{diag1}}(s) \tag{6.10}$$

である。さらに $K_1(s)$ の i 行の共通要素を対角行列 $K_{\mathrm{diag2}}(s)$ の (ii) 対角要素とすれば,

$$K_1(s) = K_{\mathrm{diag2}}(s)K_0(s) \tag{6.11}$$

$$K(s) = K_{\mathrm{diag2}}(s)K_0(s)K_{\mathrm{diag1}}(s) \tag{6.12}$$

となる。

補題 6.2. 対角行列分解と骨格行列

伝達関数行列 *G(s)* を対角行列分解してえられる骨格行列 $G_0(s)$ について $g_{0d}(s)$ を共通分母多項式，$G_{0n}(s)$ を多項式行列とすれば，

$$G(s) = G_{\mathrm{diag2}}(s)G_0(s)G_{\mathrm{diag1}}(s) \tag{6.13}$$

$$G_0(s) = \frac{G_{0n}(s)}{g_{0d}(s)} \tag{6.14}$$

であって，伝達関数行列 *G(s)* は

$$\begin{aligned} G(s) = \frac{1}{g_{0\mathrm{d}}(s)}&[G_{\mathrm{diag2}}(s)G_{0\mathrm{ndiag2}}(s)] \cdot \\ &G_{0\mathrm{n0}}(s) \cdot [G_{0\mathrm{ndiag1}}(s)G_{\mathrm{diag1}}(s)] \end{aligned} \tag{6.15}$$

の形の対角行列分解ができる。えられた多項式行列の骨格行列 $G_{0\mathrm{n0}}(s)$ は次数が最小である。 □

証明. 骨格行列 $G_0(s)$ の分子多項式行列 $G_{0n}(s)$ の各列，各行から共通要素を抽出して対角行列分解すると，

$$G_{0n}(s) = G_{0\mathrm{ndiag2}}(s)G_{0n0}(s)G_{0\mathrm{ndiag1}}(s) \tag{6.16}$$

骨格行列 $G_{0n0}(s)$ がえられる。共通要素は分離したので重複する項はなく $G_{0n0}(s)$ は最小の次数をもつ。(6.13)，(6.14)，(6.16) 式をまとめると，(6.15) 式の展開式が成り立つ。 □

〔安定化逆行列〕

多項式行列 $J(s)$ について余因子行列を $\mathrm{adj}J(s)$，行列式を $\mathrm{det}J(s)$ としたとき，行列式の根を虚軸鏡像化してえられる多項式を $\mathrm{det}J_{\mathrm{Plus}}(s)$ と表記する。

多項式行列 $J(s)$ の逆行列 $\mathrm{inv}J(s)$ が不安定な極をもつとき，

$$[\mathrm{adj}J(s)/\mathrm{det}J_{\mathrm{Plus}}(s)] \tag{6.17}$$

を多項式行列 $J(s)$ の安定化逆行列とする。

補題 6.3. 多項式行列の安定化逆行列

多項式行列 $J(s)$ の逆行列が不安定な極をもつとき，安定化逆行列と多項式行列との積

$$J(s)\frac{\mathrm{adj}J(s)}{\mathrm{det}J_{\mathrm{Plus}}(s)} = I \cdot \frac{\mathrm{det}J(s)}{\mathrm{det}J_{\mathrm{Plus}}(s)} \tag{6.18}$$

は全域通過関数行列である。 □

証明.

$$\begin{aligned} &J(s)[\mathrm{adj}J(s)/\mathrm{det}J_{\mathrm{Plus}}(s)] \\ &= J(s)[\mathrm{inv}(J(s))\mathrm{det}J(s)/\mathrm{det}J_{\mathrm{Plus}}(s)] \\ &= I \cdot (\mathrm{det}J(s)/\mathrm{det}J_{\mathrm{Plus}}(s)) \end{aligned} \tag{6.19}$$

が成り立つから，$\mathrm{det}J(s)$ の根がすべて左半面にあれば単位行列となり，右半面の根をもてば全域通過関数 $\mathrm{det}J(s)/\mathrm{det}J_{\mathrm{Plus}}(s)$ をもつ。 □

伝達関数行列 $G(s)$ を対角行列分解して分子多項式行列 $G_{\mathrm{0n0}}(s)$ を求め骨格行列とする。$G(s)$ の *(6.15)* 式の展開形をもちいる。

定理 6.1. 非干渉化直列補償器

対角行列 $G_{\mathrm{0ndiag1}}(s)G_{\mathrm{diag1}}(s)$ の要素の逆行列が安定でプロパーなとき，非干渉化直列補償器 $G_{\mathrm{dcp}}(s)$ は

$$G_{\mathrm{dcp}}(s) = G_k \cdot \mathrm{inv}(G_{\mathrm{0ndiag1}}(s)G_{\mathrm{diag1}}(s)) \cdot \frac{\mathrm{adj}G_{\mathrm{0n0}}(s)}{\mathrm{det}G_{\mathrm{0n0Plus}}(s)} \tag{6.20}$$

で与えられ，最小次数の要素をもつ。 □

証明. 補題から，$\mathrm{inv}(G_{\mathrm{0ndiag1}}(s)G_{\mathrm{diag1}}(s))$ が安定な伝達関数要素をもつとき，非干渉化する直列補償器 $G_{\mathrm{dcp}}(s)$ が存在し，安定でプロパーな要素をもち実施可能である。
□

$\mathrm{inv}(G_{\mathrm{0ndiag1}}(s)G_{\mathrm{diag1}}(s))$ を不安定あるいは非プロパーとする要素をもつときは，その要素を $G_0(s)$ に再び組み入れる再設計を行うことによって，最小次数ではなくなるが安定でプロパーな要素をもつ条件を満たすことができる。

定理 6.2. 非最小位相特性

非干渉化直列補償を施したときの伝達関数特性に含まれる非最小位相特性は，

$$\frac{\det G_{0n0}(s)}{\det G_{0n0Plus}(s)} \tag{6.21}$$

である。 □

証明. 制御対象に非干渉化直列補償を施した伝達関数行列は，

$$\begin{aligned} G(s)G_{\mathrm{dcp}}(s) = \frac{G_k}{g_{0\mathrm{d}}(s)} \cdot \\ G_{\mathrm{diag2}}(s)G_{0\mathrm{ndiag2}}(s) \cdot \frac{\det G_{0n0}(s)}{\det G_{0n0Plus}(s)} \end{aligned} \tag{6.22}$$

であって非干渉されているが，結果の最後の項は非最小位相特性を示す。 □

〔ゲイン補正行列 G_k〕ゲイン補正行列 G_k は，$g_{\mathrm{mNi}}(0) = 1$ のためにもちいる。

$G(s)G_{\mathrm{dcp}}(s)$ の対角要素を $g_{\mathrm{mNi}}(s)/g_{\mathrm{mDi}}(s)$ としたとき，分母多項式 $g_{\mathrm{mDi}}(s)$ を最高次の係数 1 のモニックな多項式に設定し，分子多項式 $g_{\mathrm{mNi}}(s)$ の定常ゲインを単位値 1 とする。 □

6.4 非最小位相特性の拡張逆関数とフィードフォワード補償

非干渉化直列補償器を適用すると制御対象は 1 入出力のスカラー系 S_i に分解される。個々のスカラー系について，目標特性を実現する 2 自由度制御系を構成する。

非干渉化に伴って非最小位相特性が発生する場合がある。スカラー系の非最小位相特性を表す全域通過関数 $G_{ai}(s)$ についてフィードフォワード補償 [46] を構成する。

全域通過関数の逆関数 $Q_i(s)$ を，おくれ時間 $\exp(-L_p s)$ について求め，さらにおくれ時間をタイミング要素 $D_i(s)$ とする。

〔全域通過関数の拡張逆関数〕

n 次の全域通過関数 $G_a(s) = g_{aN}(s)/g_{aD}(s)$ とおくれ時間 $\exp(-L_p s)$ のパデ近似 $\mathrm{pade}(L, k)$ について，展開式

$$q_N(s)g_{aN}(s) + r_N(s) = e_N(s) \tag{6.23}$$

$$q_D(s)g_{aD}(s) + r_D(s) = e_D(s) \tag{6.24}$$

から展開項 $q_N(s)$，$q_D(s)$ および剰余項 $r_N(s)$，$r_D(s)$ を求める。

時間 $L \gg L_p$ で次数 k が十分大きい場合，

$$Q(s) = \frac{q_N(s)}{q_D(s)} \tag{6.25}$$

とした $Q(s)$ は，$G_a(s)$ の安定な拡張逆関数 $\mathrm{inv}G_a(s)$ である。（証明略） □

〔タイミング要素〕

拡張逆関数 $\mathrm{inv}G_a(s)$ をおくれ時間要素 $\exp(-Ls)$ について求め，タイミング要素 $D(s)$ をおくれ時間要素に等しく

$$D(s) = \exp(-Ls) \tag{6.26}$$

とする。そして目標入出力特性を

$$\frac{y(s)}{r(s)} = \frac{w_N(s)}{w_D(s)}D(s) \tag{6.27}$$

に設定する。

□

〔フィードフォワード補償〕

フィードフォワード補償要素 $F_0(s)$ を

$$F_0(s) = \frac{c_N(s)w_{wD}(s)}{(c_N(s)+a(s))g_{mN}(s)} \cdot \mathrm{inv}G_a(s) \cdot (1 - G_a(s))\frac{w_N(s)}{w_D(s)} \tag{6.28}$$

に構成すれば，フィードバック制御とフィードフォワード制御を併合して，目標入出力特性 $w_N(s)/w_D(s)$ がえられる。（証明略） □

フィードフォワード補償要素 $F_{0i}(s)$ を全域通過関数の逆関数 $Q_i(s)$ から求めて，フィードフォワード補償と目標特性へのタイミング要素 $D_i(s)$ を導入することによって，全域通過関数 $G_{ai}(s)$ の影響による出力の変動を補正する。

6.5 多入出力最小位相状態制御系の最小位相状態観測器と制御器

フィードバック制御系として，各１入力１出力系に最小位相状態を想定して，状態観測器によって最小位相状態値を推定する。最小位相状態について最小位相状態制御系を構成して，目標特性 $w_{Ni}(s)/w_{Di}(s)$ を実現する。

〔最小位相状態制御器〕

補助多項式 $c_N(s)$ の零点の絶対値を $w_{wD}(s)$ のそれよりも十分大きくとるとき，多項式方程式

$$a(s)g_{mD}(s)+b(s)=c_N(s)(w_{wD}(s)-g_{mD}(s)) \tag{6.29}$$

の解 $a(s)$，$b(s)$ から，補償要素 $H_0(s)$，$H_{1k}(s)$ および $H_2(s)$ を設定し，

$$H_0(s)=\frac{w_N(s)w_{wD}(s)}{w_D(s)}\frac{c_N(s)}{d_0(s)} \tag{6.30}$$

$$H_{1k}(s)=\frac{d_0(s)}{(c_N(s)+a(s))g_{mN}(s)} \tag{6.31}$$

$$H_2(s)=\frac{b(s)}{d_0(s)} \tag{6.32}$$

フィードバック制御の操作量 $u(s)$ を

$$u(s)=H_{1k}(s)(H_0(s)r_b(s)-H_2(s)z(s)) \tag{6.33}$$

とするならば，閉ループの特性多項式は $c_N(s)w_{wD}(s)$ であって主要な零点は $w_{wD}(s)$ の零点と等しく，入出力特性は

$$\frac{y(s)}{r(s)}=\frac{w_N(s)}{w_D(s)} \tag{6.34}$$

設定した目標特性に一致する。（証明略）　□

最小位相状態 $z(s)$ からのフィードバックには観測値 $z_{\rm obs}(s)$ を用いるので，最小位相状態観測器が必要である。制御対象のつぎに示される要素 $g_{aN}(s)/g_{mD}(s)$ に着目する。

$$G_a(s)G_m(s)=\frac{g_{aN}(s)}{g_{mD}(s)}\cdot\frac{g_{mN}(s)}{g_{aD}(s)} \tag{6.35}$$

〔最小位相状態観測器〕

制御対象の構成要素 $g_{aN}(s)/g_{mD}(s)$ について，次数 $(n_{mD}+n_{aN}-1)$ のモニックな安定多項式 $f_0(s)$ を設定し，多項式方程式

$$f_{1p}(s)g_{mD}(s) + f_{2p}(s)g_{aN}(s) = f_0(s) \tag{6.36}$$

の解 $f_{1p}(s)$，$f_{2p}(s)$ から，

$$f_1(s) = f_{1p}(s)g_{mN}(s) \tag{6.37}$$

$$f_2(s) = f_{2p}(s)g_{aD}(s) \tag{6.38}$$

を求める。観測器補償要素 $F_1(s)$，$F_2(s)$ と $z_{\mathrm{obs}}(s)$ を

$$F_1(s) = \frac{f_1(s)}{f_0(s)}, \quad F_2(s) = \frac{f_2(s)}{f_0(s)} \tag{6.39}$$

$$z_{\mathrm{obs}}(s) = F_1(s)u(s) + F_2(s)y(s) \tag{6.40}$$

とすれば，入力 $u(s)$，出力 $y(s)$ からえられる $z_{\mathrm{obs}}(s)$ は最小位相状態 $z(s)$ の観測値である。（証明略） □

6.6 非干渉化とフィードフォワード補償の設計手順

非干渉化した結果えられた各スカラー系 S_i に最小位相状態制御を施し，さらにフィードフォワード補償を適用すれば，入出力特性は，目標特性がタイミング要素の時間だけ遅れた $D_i(s)(w_{Ni}(s)/w_{Di}(s))$ となる。

非干渉化とフィードフォワード補償の設計の各段階は次のようにまとめられる。

step1 対角行列分解と骨格行列 ((6.15) 式)

制御対象 $G(s)$ を対角行列分解して骨格行列 $G_0(s)$ を求める。さらにえられた $G_0(s)$ の分子行列 $G_{0n}(s)$ を対角行列分解する。

step2 条件判断

$G_{\mathrm{diag1}}(s)$，$G_{\mathrm{0ndiag1}}(s)$ の要素の逆関数が安定要素か？

yes: $\mathrm{inv}(G_{\mathrm{0ndiag1}}(s)G_{\mathrm{diag1}}(s))$ が安定ならば，続行。

no: step1 に戻る。不安定極を与える対角要素を $G_0(s)$，$G_{\mathrm{0n0}}(s)$ に再度含める。

step3 逆行列 ((6.18) 式)

骨格行列 $G_{\mathrm{0n0}}(s)$ の逆行列 $\mathrm{inv}G_{\mathrm{0n0}}(s)$ を求める。

行列式 $\det G_{\mathrm{0n0}}(s)$ の虚軸鏡像変換形 $\det G_{\mathrm{0n0Plus}}(s)$ を求める。

step4 非干渉化直列補償器 ((6.20)，(6.21) 式)

非最小位相特性を表す全域通過関数 $\det G_{\mathrm{0n0}}(s)/\det G_{\mathrm{0nPlus}}(s)$ および非干渉化直列補償器 $G_{\mathrm{dcp}}(s)$ を定める。

step5 非干渉化した制御対象 ((6.22) 式)

非干渉化した $G(s)G_{\mathrm{dcp}}(s)$ を求め，さらにゲイン補正行列 G_k を定める。

step7 フィードフォワード補償 ((6.28) 式)

非干渉化に伴い非最小位相特性が生じたとき，フィードフォワード補償を構成する。

6.7 数値例

制御対象 非干渉化したとき非最小位相特性を生ずる 2 入力 2 出力系 [44] とする。

$$G(s) = \begin{bmatrix} \frac{2}{s+1} & \frac{3}{s+2} \\ \frac{1}{s+1} & \frac{1}{s+1} \end{bmatrix} \tag{6.41}$$

対角行列分解と骨格行列

• 伝達関数行列についての骨格行列

伝達関数行列 $G(s)$ の骨格行列 $G_0(s)$ を求める。行共通成分を対角行列 $G_{\mathrm{diag2}}(s)$ とする。

$$G(s) = \begin{bmatrix} 1 & 0 \\ 0 & \frac{1}{s+1} \end{bmatrix} \begin{bmatrix} \frac{2}{s+1} & \frac{3}{s+2} \\ 1 & 1 \end{bmatrix} \tag{6.42}$$

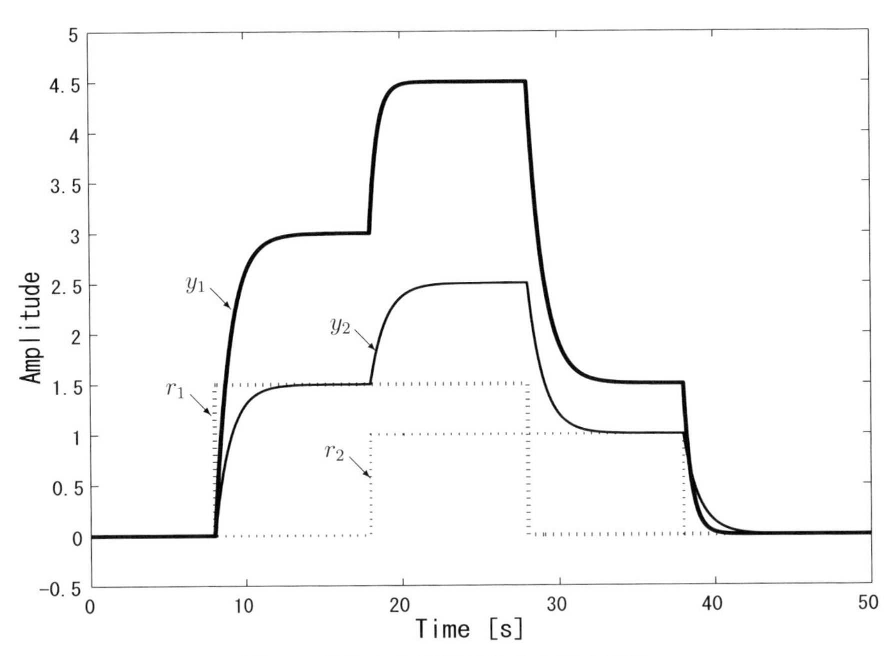

図 6.3: 多入出力制御対象の入出力特性

$$G_{\mathrm{diag1}}(s) = I \tag{6.43}$$

$$G_{\mathrm{diag2}}(s) = \begin{bmatrix} 1 & 0 \\ 0 & \frac{1}{s+1} \end{bmatrix} \tag{6.44}$$

$$G_0(s) = \begin{bmatrix} \frac{2}{s+1} & \frac{3}{s+2} \\ 1 & 1 \end{bmatrix} \tag{6.45}$$

$$G_0(s) = \frac{\begin{bmatrix} 2(s+2) & 3(s+1) \\ (s+1)(s+2) & (s+1)(s+2) \end{bmatrix}}{(s+1)(s+2)} \tag{6.46}$$

$$G_{0\mathrm{n}}(s) = \begin{bmatrix} 2(s+2) & 3(s+1) \\ (s+1)(s+2) & (s+1)(s+2) \end{bmatrix} \tag{6.47}$$

$$g_{0\mathrm{d}}(s) = (s+1)(s+2) \tag{6.48}$$

- 多項式行列についての骨格行列

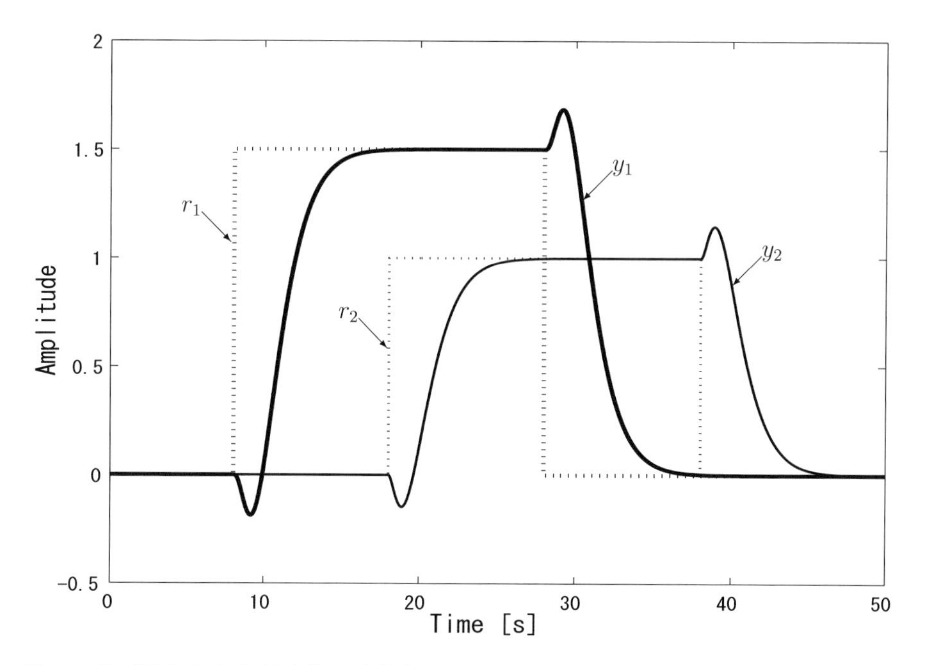

図 6.4: 非干渉化された最小位相状態制御系の入出力応答，フィードフォワード制御オフ，外乱なしの場合

多項式行列 $G_{0\mathrm{n}}(s)$ の骨格行列 $G_{0\mathrm{n}0}(s)$ を求める。列共通成分を対角行列 $G_{0\mathrm{ndiag}1}(s)$，行共通成分を対角行列 $G_{0\mathrm{ndiag}2}(s)$ とする。

$$G_{0\mathrm{n}}(s) = \begin{bmatrix} 1 & 0 \\ 0 & (s+1)(s+2) \end{bmatrix} \begin{bmatrix} 2(s+2) & 3(s+1) \\ 1 & 1 \end{bmatrix} \tag{6.49}$$

$$G_{0\mathrm{n}0}(s) = \begin{bmatrix} 2(s+2) & 3(s+1) \\ 1 & 1 \end{bmatrix} \tag{6.50}$$

$$G_{0\mathrm{ndiag}2}(s) = \begin{bmatrix} 1 & 0 \\ 0 & (s+1)(s+2) \end{bmatrix} \tag{6.51}$$

$$G_{0\mathrm{ndiag}1}(s) = I \tag{6.52}$$

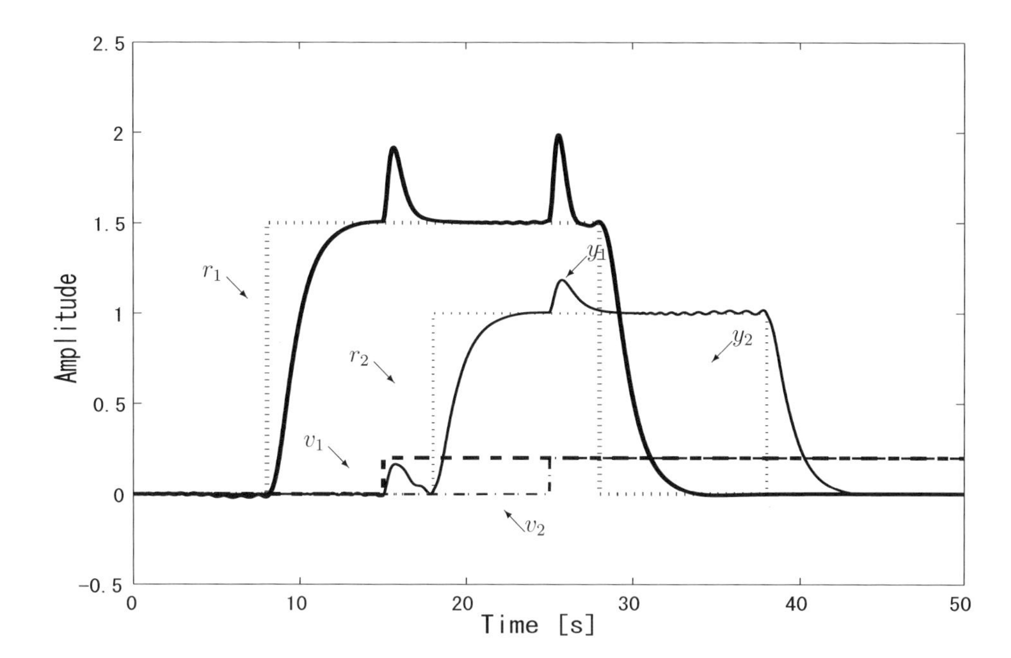

図 6.5: 非干渉化された最小位相状態制御系の入出力応答，フィードフォワード制御オン，外乱ありの場合

$G_{0n0}(s)$ の行列式 $\mathrm{det}G_{0n0}(s)$ とその不安定零点についての虚軸鏡像変換形を求める。

$$\mathrm{det}G_{0n0}(s) = -s + 1 \tag{6.53}$$

$$\mathrm{det}G_{0n0\mathrm{Plus}}(s) = s + 1 \tag{6.54}$$

$G_{0n0}(s)$ の余因子行列 $\mathrm{adj}G_{0n0}(s)$ を求め，非干渉化直列補償器に用いる。

$$\mathrm{inv}G_{0n0}(s) = \frac{\begin{bmatrix} 1 & -3(s+1) \\ -1 & 2(s+2) \end{bmatrix}}{-s+1} \tag{6.55}$$

$$\mathrm{adj}G_{0n0}(s) = \begin{bmatrix} 1 & -3(s+1) \\ -1 & 2(s+2) \end{bmatrix} \tag{6.56}$$

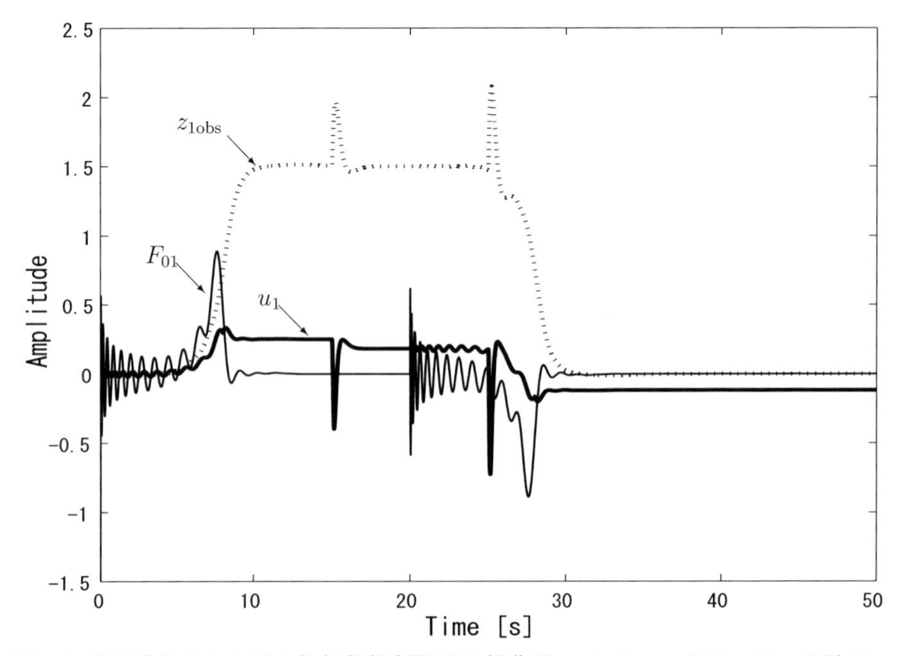

図 6.6: 非干渉化された最小位相状態制御系の操作量 u_1 とフィードフォワード量 F_{01},
フィードフォワード制御オン，外乱ありの場合

非干渉化直列補償器 非干渉化直列補償器 $G_{\mathrm{dcp}}(s)$ を（6.20）式から求める。

$$G_{\mathrm{dcp}}(s) = \begin{bmatrix} g_{k1} & 0 \\ 0 & g_{k2} \end{bmatrix} \begin{bmatrix} \frac{1}{(s+1)} & -3 \\ \frac{-1}{(s+1)} & \frac{2(s+2)}{(s+1)} \end{bmatrix} \tag{6.57}$$

$G_{0\mathrm{ndiag1}}(s)G_{\mathrm{diag1}}(s) = I$ から $G_{\mathrm{dcp}}(s)$ は最小次数である。

非最小位相特性 非干渉化に伴い非最小位相特性が生じる。

$$\frac{\det G_{0\mathrm{n0}}(s)}{\det G_{0\mathrm{nPlus}}(s)} = \frac{-s+1}{s+1} \tag{6.58}$$

非干渉化した制御対象 制御対象と前置直列補償器との結合した結果の $G(s)G_{\mathrm{dcp}}(s)$

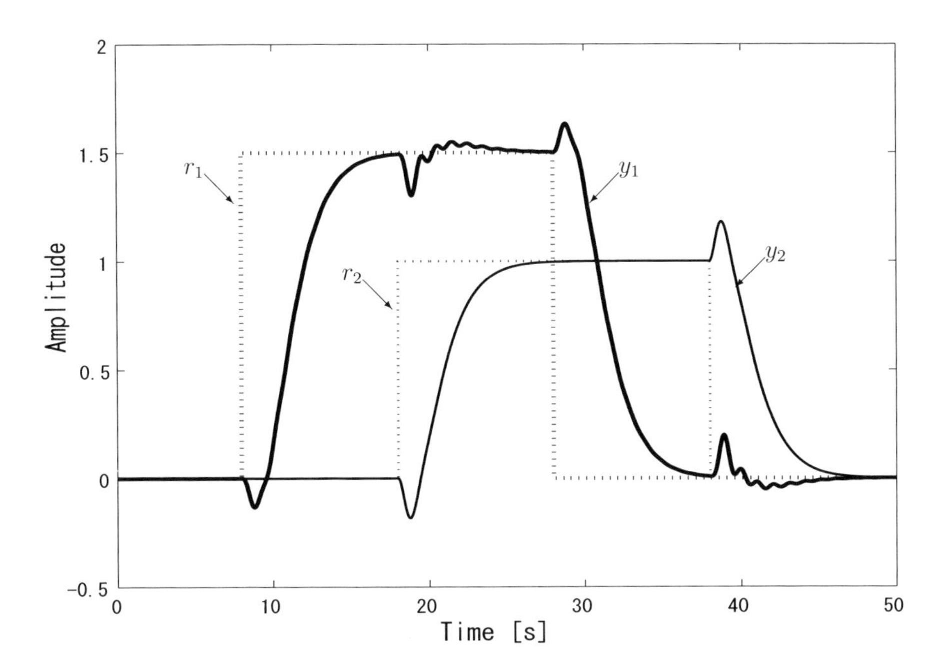

図 6.7: 非干渉化された最小位相状態制御系のロバスト性：多入出力制御対象 $P(s)$ のゲインと時定数が名目値の 1.20 倍でフィードフォワード制御オフ，外乱なしの場合

を求める。定常ゲイン補正行列 G_k を $g_{k1} = g_{k2} = 1$ とする。

$$
\begin{aligned}
&G(s)G_{\mathrm{dcp}}(s) = \\
&\quad \begin{bmatrix} 1 & 0 \\ 0 & s+2 \end{bmatrix} \begin{bmatrix} g_{k1} & 0 \\ 0 & g_{k2} \end{bmatrix} \begin{bmatrix} \frac{1}{s+1} & -3 \\ \frac{-1}{s+1} & \frac{2(s+2)}{s+1} \end{bmatrix} \\
&\quad = \begin{bmatrix} \frac{-s+1}{s+1}\frac{1}{(s+1)(s+2)} & 0 \\ 0 & \frac{-s+1}{s+1}\frac{1}{s+1} \end{bmatrix}
\end{aligned}
\tag{6.59}
$$

スカラー系 $S_1(s)$，$S_2(s)$ が非干渉化した結果で，非最小位相特性 $(-s+1)/(s+1)$ を含んでいる。

$$
S_1(s) = \frac{-s+1}{s+1} \cdot \frac{1}{(s+1)(s+2)} \tag{6.60}
$$

$$
S_2(s) = \frac{-s+1}{s+1} \cdot \frac{1}{(s+1)} \tag{6.61}
$$

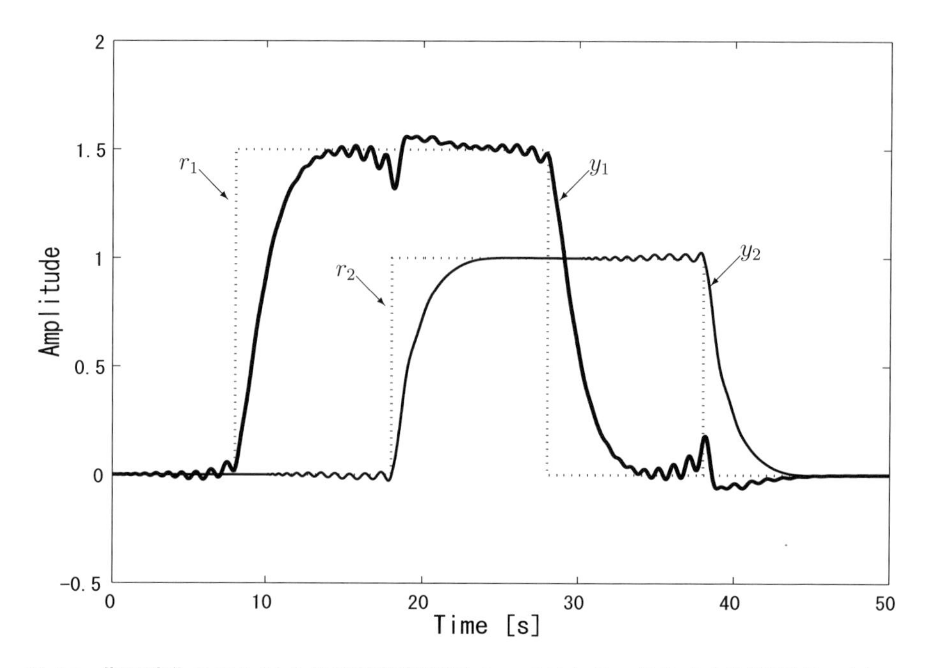

図 6.8: 非干渉化された最小位相状態制御系のロバスト性：多入出力制御対象 $P(s)$ のゲインと時定数が名目値の 1.20 倍でフィードフォワード制御オン，外乱ありの場合

タイミング要素 フィードフォワード補償のためのタイミング要素を，拡張逆関数のためのおくれ時間と等しくとる。

$$D_1(s) = D_2(s) = \exp(-8s) \tag{6.62}$$

目標入出力特性 目標入出力特性 $D_i(s)w_{Ni}(s)/w_{Di}(s)$ を次のように設定する。また $w_{wDi}(s) = w_{Di}(s)$ とする。

$$\frac{y_1(s)}{r_1(s)} = \exp(-8s) \cdot \frac{12}{(s+2)^2(s+3)} \tag{6.63}$$

$$\frac{y_2(s)}{r_2(s)} = \exp(-8s) \cdot \frac{2}{(s+1)(s+2)} \tag{6.64}$$

フィードフォワード補償 （6.28）式からフィードフォワード補償 $F_{01}(s)$，$F_{02}(s)$ が算出される。

[シミュレーション結果]

図 6.3 は 2 入力 2 出力系の制御対象の設計モデルの相互干渉のある入出力特性を示す。2 つの出力特性の形はゲインは異なるが相似的で，両者を分離する非干渉化は単純ではないことが予想される。

- 制御対象が設計モデルのとき

図 6.4 は制御対象を非干渉化した系に最小位相状態制御を施したときのシミュレーション結果を示し，フィードフォワード補償なしの場合である。入出力特性の非干渉化は充分に行われているが，非干渉化の結果のスカラー系にアンダーシューティングが発生している。

図 6.5 は非干渉化して最小位相状態制御とフィードフォワード補償を施したときのシミュレーション結果を示す。フィードフォワード補償の結果アンダーシューティングが解消されている。このときの非干渉化された系 S_1 のフィードフォワード量 F_{01}，操作量 u_1 および最小位相状態観測値 $z_{1\mathrm{obs}}$ を図 6.6 に示す。

- 制御対象が実機モデルのとき

制御対象のゲイン，時定数が設計モデルから 20% 増加したものを実機モデルとしたときのロバスト性のシミュレーション結果を示す。図 6.7 は等価外乱を零，フィードフォワード補償無しの場合であり，図 6.8 は等価外乱を零，フィードフォワード補償有りの場合である。設計モデルと実機モデルとのずれが大きいこれらの条件では，限界には近いが制御系は安定に保たれている。

6.8 本章のまとめ

伝達関数行列表現において，非干渉化のための直列補償器の新しい構成方法を示した。安定，プロパーな非干渉化直列補償器が最小次数の要素で構成され，非干渉化の設計が容易になった。

非干渉化してえられた各 1 入出力系に最小位相状態制御系を適用して，2 自由度の目標特性と非干渉化に伴って生ずる非最小位相特性を補正するフィードフォワード補償を可能にした。

数値例では多入出力系としてアンダーシューティング特性をもつ 2 入力 2 出力系

について，骨格行列によって非干渉化を行った。本来のアンダーシューティング特性と非干渉化の結果生じた非最小位相特性を，フィードフォワード制御によって補償した。アンダーシューティング特性をあらかじめ設定した予測時間に置き換える応答特性を実現して実用性に配慮できた。

第7章　フィードフォワード補償をもちいた多入出力むだ時間制御系の設計

7.1　はじめに

従来のむだ時間制御系は伝達関数を基にスミス法，IMC(Internal Model Control)法などによる設計法 [6] [31] [33] が広く用いられている。その基本形は 1 入力 1 出力系について位相進み補償によって閉ループからむだ時間要素のもつ位相おくれを軽減して，出力フィードバック制御の安定性を保つものである。多入出力系のむだ時間制御 [48] については，伝達関数行列表現をもちいた直列補償により直接的に非干渉化を行ってむだ時間制御を施す場合が多いが，非干渉化を含めて開発途上といえよう。

本章では制御対象の伝達関数行列について，最小次数構成の直列補償器をもちいて非干渉化する。

非干渉化された個別のスカラー系は最小位相系とむだ時間を含む全域通過関数からなるとして，最小位相状態を想定して最小位相状態制御 [45] [49] を施す。

むだ時間を含む全域通過関数特性については，その拡張逆関数を基にフィードフォワード補償 [24] [45] を行う。フィードフォワード補償は，むだ時間に対応したある一定のタイミング時間だけフィードバック系の入力に先立って，予め施す構成とする。その結果むだ時間を含む全域通過関数特性が，フィードバック系の外部の目標値入力側に移るのと等価になる。

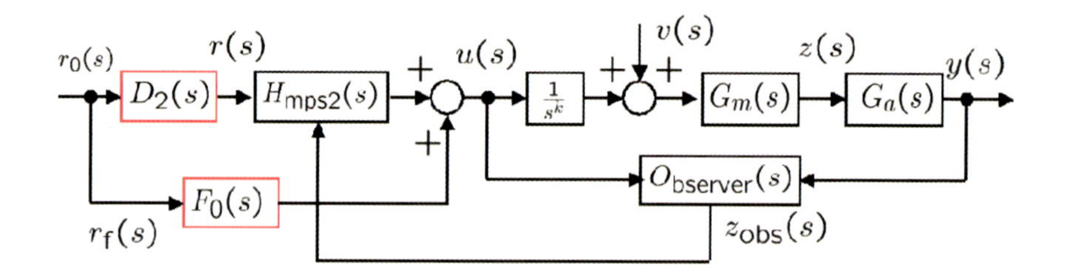

図 7.1: 最小位相状態フィードバックとフィードフォワード構成による 1 入力 1 出力制御系

7.2 問題の設定

不安定零点を持たない伝達関数を最小位相関数 (minimum phase function) とする。ゲイン特性が全周波数において 1 である安定な伝達関数は全域通過関数 (all-pass function) といわれる。有理関数は一般に非最小位相関数であって，最小位相関数と全域通過関数の積で表現される (ボーデの伝達関数定理 [8])。本章では，最小位相関数の出力を最小位相状態と考え，不安定系や積分要素をもつ場合も最小位相関数に含める。

1 入出力系の制御対象 $G(s)=G_m(s)G_a(s)$ についての最小位相状態制御系の構成を図 7.1 に示す。

最小位相関数 $G_m(s)=g_{mN}(s)/g_{mD}(s)$ の $g_{mD}(s)$ は n_{mD} 次のモニックな多項式で，安定とは限らない。$g_{mN}(s)$ は（$n_{mD}-1$）次以下の，モニックではない安定多項式とする。

全域通過関数 $G_a(s)=g_{aN}(s)/g_{aD}(s)$ は定数項 1 の同次有理多項式である。全域通過関数の $g_{aD}(s)$ と最小位相関数の $g_{mD}(s)$ は既約とする。次数はそれぞれ $n_{mN}<n_{mD}$、$n_{aN}=n_{aD}$ である。最小位相関数 $G_m(s)$ の出力である最小位相状態 $z(s)$ の観測値 $z_{\rm obs}(s)$ からのフィードバック系を構成する。

最小位相状態制御系は，最小位相状態についての 2 自由度フィードバック系と最小位相状態観測器からなる。前者の補償要素を $H_0(s)$，$H_{1k}(s)$，$H_2(s)$ とし，後者の

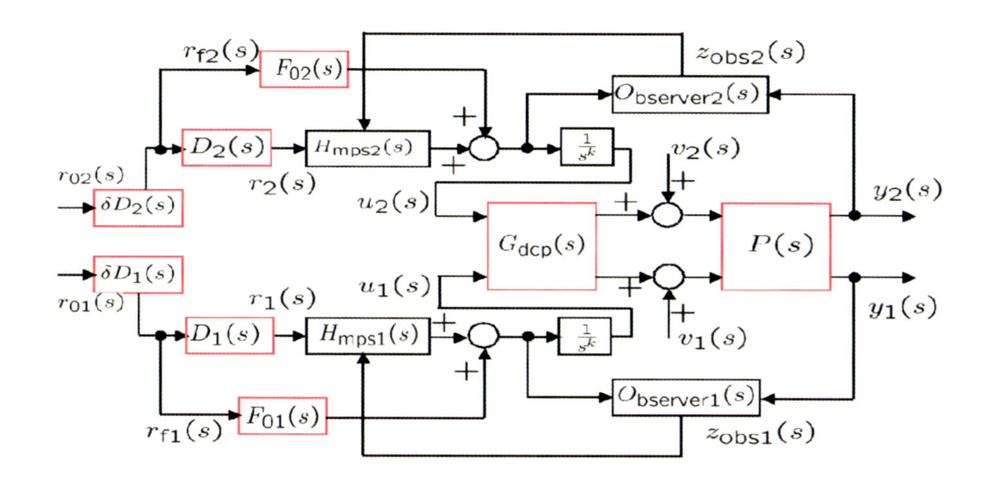

図 7.2: 骨格行列非干渉化をもちいた最小位相状態フィードバックとフィードフォワード構成による多入出力制御系

構成要素を $F_1(s) = f_1(s)/f_0(s)$，$F_2(s) = f_2(s)/f_0(s)$ とする。

フィードフォワード系の構成はフィードフォワード補償要素 $F_0(s)$，入力タイミング補償要素 $D(s)$ およびタイミング調整時間 δD から成る。フィードフォワード入力 $r_f(s)$ はフィードバック系の入力 $r(s)$ と

$$r(s) = D(s) r_f(s) \tag{7.1}$$

の関係にある。

フィードフォワード量を正規化するためにゲイン係数 g_{k} を導入する場合がある。

$$g_{\mathrm{k}} \cdot \frac{g_{\mathrm{mN}}(0)}{w_D(0)} = 1 \tag{7.2}$$

多入出力系の制御対象についての最小位相状態むだ時間制御系の全体構成を図 **7.2** に示す。非干渉化をおこない，フィードフォワード補償があることが特徴である。

m 入力 m 出力系の制御対象の伝達関数行列を入力 $[u_j(s)]^T$ と出力 $[y_i(s)]^T$ (i, j=1, 2, ..., m) として，

$$G(s) = \frac{g_{\mathrm{Nij}}(s)}{g_{\mathrm{Dij}}(s)} = \frac{G_N(s)}{g_{\mathrm{D}}(s)} \tag{7.3}$$

と表わす。$g_{\mathrm{Dij}}(s)$ の最小公倍多項式を $g_{\mathrm{D}}(s)$ としたときの分子多項式行列が $G_N(s) = [g_{\mathrm{Nij}}(s)]$ である。

制御対象 $G(s)$ に前置直列補償器 $G_{\mathrm{dcp}}(s)$ を施すと，非干渉化されたm個のスカラーの伝達関数 $G_i(s)$ の並列系が構成される。

$$G(s)G_{\mathrm{dcp}}(s) = [\mathrm{diag}G_i(s)]_{\mathrm{i=1,2,\ldots,m}} \tag{7.4}$$

伝達関数 $G_i(s)$ は既約でプロパーな最小位相関数 $G_{mi}(s)$ と全域通過関数 $G_{ai}(s)$ の縦続接続で表わされるとする。

$$G_i(s) = G_{\mathrm{ai}}(s)G_{\mathrm{mi}}(s) \tag{7.5}$$

$$G_{\mathrm{mi}}(s) = \frac{g_{\mathrm{mNi}}(s)}{g_{\mathrm{mDi}}(s)} \tag{7.6}$$

$$G_{\mathrm{ai}}(s) = \frac{g_{\mathrm{aNi}}(s)}{g_{\mathrm{aDi}}(s)} \tag{7.7}$$

そして最小位相関数 $G_{\mathrm{mi}}(s)$ は，積分補償要素 g_{ki}/s を前置する構成をもち，

$$g_{\mathrm{ki}} \cdot g_{\mathrm{mN}}(0) = 1 \tag{7.8}$$

とする。非干渉化された制御対象の原系を $G_{0i}(s) = G_{ai}(s)G_{m0i}(s)$ とし，等価外乱 $v_i(s)$ が原系の入力端に加わるとみなす。

非干渉化制御系全体では目標値入力 $r_i(s)$，出力 $y_i(s)$，最小位相状態 $z_i(s)$, 最小位相状態観測値 $z_{\mathrm{obsi}}(s)$, 操作入力 $u_i(s)$，外乱入力 $v_i(s)$，とする。フィードフォワード補償出力 $u_{fi}(s)$ が操作量 $u_i(s)$ の前段の積分補償要素の入力に加算される構成である。

7.3　むだ時間制御系の構成

制御対象が最小位相関数と全域通過関数およびむだ時間要素から成るとき，むだ時間要素をパデ近似形で表し，全域通過関数と合わせてまとめて扱う。

一方で全域通過関数の逆関数を考える必要があるときには，関連する大きさのむだ時間要素を想定する。

n 次の全域通過関数 $G_a(s)$ について，全域通過関数をその概要としておくれ時間要素に近似したときの等価的なおくれ時間 L_p とし，これよりも大きいおくれ時間要素 $\exp(-Ls)$ を考える。

$$G_a(s) = \frac{g_{aN}(s)}{g_{aD}(s)} \tag{7.9}$$

$$\exp(-Ls) \approx \frac{e_N(s)}{e_D(s)} \tag{7.10}$$

おくれ時間要素 $\exp(-Ls)$ を全域通過関数 $G_a(s)$ によって分母子各項において展開して，おくれ時間要素を核とした全域通過関数の拡張逆関数を導入する。

補題 7.1. おくれ時間要素を核とした全域通過関数の拡張逆関数

n 次の全域通過関数 $G_a(s)$ の近似的なおくれ時間 L_p とおくれ時間要素 $\exp(-Ls)$ のパデ近似 $\mathrm{pade}(L, k)$ について $L \gg L_p$ であって次数 k が十分大きい場合，分母子項の $e_N(s)$ を $g_{aN}(s)$，$e_D(s)$ を $g_{aD}(s)$ によってそれぞれ展開して，

$$q_N(s)g_{aN}(s) + r_N(s) = e_N(s) \tag{7.11}$$

$$q_D(s)g_{aD}(s) + r_D(s) = e_D(s) \tag{7.12}$$

安定な展開項 $q_N(s)$，$q_D(s)$ がえられる。展開項から，

$$Q(s) = q_N(s)/q_D(s) \tag{7.13}$$

とする。このとき $Q(s)$ は $exp(-Ls)$ についての $G_a(s)$ の安定な拡張逆関数 $\mathrm{inv}G_a(s)$ であり，近似誤差 $\varepsilon(s)$ をもつ。

$$Q(s)G_a(s) \cong \exp(-Ls) \tag{7.14}$$

$$\mathrm{inv}G_a(s) = \frac{q_N(s)}{q_D(s)} \tag{7.15}$$

$$\varepsilon(s) = \frac{e_N(s)}{e_D(s)} - \frac{q_N(s)}{q_D(s)}\frac{g_{aN}(s)}{g_{aD}(s)} \tag{7.16}$$

$Q(s)$ はおくれ時間要素を核とした $G_a(s)$ の拡張逆関数である。（証明略） □

とくに制御対象がもつ全域通過関数がむだ時間要素のみである場合，拡張逆関数の構成は単純化される。

定理 7.1. むだ時間要素の拡張逆関数

制御対象のむだ時間要素 $\exp(-L_g s)$ に対してむだ時間 $\exp(-Ls)$ を設定したとき，おくれ時間、次数とも十分大きく $L \gg L_g$，$k \gg k_g$ ならば，むだ時間要素 L_g の拡張逆関数は $\exp(-(L-L_g)s)$ のパデ近似

$$[q_N, q_D] = \mathrm{pade}(L - L_g, k) \tag{7.17}$$

である。 □

証明. パデ近似で表した $\exp(-L_g s)\cdot\exp(-(L-L_g)s)$ と $\exp(-Ls)$ の差を，むだ時間 L_g の拡張逆関数の展開誤差 $r_N(s)/r_D(s)$

$$r_N(s) = e_N(s) - q_N(s) g_{aN}(s) \tag{7.18}$$

$$r_D(s) = e_D(s) - q_D(s) g_{aD}(s) \tag{7.19}$$

とみることができる。$L \gg L_g$，$k \gg k_g$ ならば，展開誤差 $r_N(s)$，$r_D(s)$ は充分小さく，$q_N(s)/q_D(s)$ は $\exp(-Ls)$ についてのむだ時間 L_g の拡張逆関数である。 □

[入力タイミング補償要素]

全体系の目標入出力特性を

$$\frac{y(s)}{r_0(s)} = \frac{w_N(s)}{w_D(s)} D(s) \tag{7.20}$$

とした場合，$D(s)$ を入力タイミング補償要素とする。 □

[フィードバック系とフィードフォワード系]

フィードバック制御のみの入出力特性 $y_b(s)/r(s)$ は，

$$\frac{y_b(s)}{r(s)} = \frac{w_N(s)}{w_D(s)} D(s) \tag{7.21}$$

である。フィードフォワード制御のみの場合に入出力特性 $y_f(s)/r_f(s)$ を求める。フ

ィードフォワード補償要素 $F_0(s)$ を入れて，最小位相状態 $z(s)$ に着目する。

$$\begin{aligned}
\frac{u_f(s)}{r_f(s)} &= F_0(s) \quad (7.22)\\
\frac{z(s)}{r_0(s)} &= \frac{1}{w_{wD}(s)}\frac{d_0(s)}{c_N(s)}\\
\frac{r_0(s)}{u_f(s)} &= \frac{1}{H_{1k}(s)} = \frac{(c_N(s)+a(s))g_{mN}(s)}{d_0(s)}\\
\frac{z(s)}{u_f(s)} &= \frac{z(s)}{r_0(s)}\frac{r_0(s)}{u_f(s)}\\
&= \frac{1}{w_{wD}(s)}\frac{(c_N(s)+a(s))g_{mN}(s)}{c_N(s)}
\end{aligned}$$

の関係があるので，

$$\begin{aligned}
\frac{y_f(s)}{r_f(s)} &= \frac{y_f(s)}{z(s)}\frac{z(s)}{u_f(s)}\frac{u_f(s)}{r_f(s)}\\
&= G_a(s)\frac{(c_N(s)+a(s))g_{mN}(s)}{c_N(s)w_{wD}(s)}F_0(s) \quad (7.23)
\end{aligned}$$

となる。

定理 7.2. フィードフォワード補償

フィードフォワード補償要素 $F_0(s)$ が有理関数として定まるためには，拡張逆関数 $\mathrm{inv}G_a(s)$ がもつむだ時間 $\exp(-Ls)$ に，入力タイミング補償要素 $D(s)$ が等しいことが必要十分である。

すなわちフィードフォワード補償要素 $F_0(s)$ と入力タイミング補償要素 $D(s)$ をそれぞれ，

$$\begin{aligned}
F_0(s) &= \frac{c_N(s)w_{wD}(s)}{(c_N(s)+a(s))g_{mN}(s)}\cdot\\
&\quad \mathrm{inv}G_a(s)\cdot(1-G_a(s))\frac{w_N(s)}{w_D(s)} \quad (7.24)\\
D(s) &= \exp(-Ls) \quad (7.25)
\end{aligned}$$

に構成すれば，フィードバック制御とフィードフォワード制御を併合した，全体系の目標入出力特性

$$\frac{y}{r_0} = \frac{w_N(s)}{w_D(s)}\exp(-Ls) \quad (7.26)$$

がえられる。 □

証明. (7.14) 式から近似展開誤差 $\varepsilon(s)$ 小のとき

$$G_a(s) \cdot \mathrm{invG_a(s) = exp(-Ls)}, \parallel \varepsilon(\mathrm{s}) \parallel \simeq 0 \tag{7.27}$$

とおくことができる。フィードフォワード制御系の入出力特性 $y_f(s)/r_0(s)$ は,

$$\frac{y_f(s)}{r(s)} = \frac{y(s)}{r(s)} - \frac{y_b(s)}{r(s)} = (1 - G_a(s))\frac{w_N(s)}{w_D(s)}D(s) \tag{7.28}$$

でなければならない。したがって, (7.23), (7.28) から,

$$\begin{aligned} &(1 - G_a(s))\frac{w_N(s)}{w_D(s)}D(s) \\ &\quad = G_a(s)\frac{(c_N(s) + a(s))g_{mN}(s)}{c_N(s)w_{wD}(s)}F_0(s) \end{aligned} \tag{7.29}$$

さらに (7.27) 式の拡張逆関数の関係から,

$$\begin{aligned} &\mathrm{invG_a(s)(1 - G_a(s))\frac{w_N(s)}{w_D(s)}D(s)} \\ &\quad = \frac{(c_N(s) + a(s))g_{mN}(s)}{c_N(s)w_{wD}(s)}F_0(s) \cdot \exp(-Ls) \end{aligned} \tag{7.30}$$

が導かれる。フィードフォワード補償要素 $F_0(s)$ は

$$\begin{aligned} F_0(s) = \mathrm{invG_a(s)(1 - G_a(s))\frac{w_N(s)}{w_D(s)}} \cdot \\ \frac{c_N(s)w_{wD}(s)}{(c_N(s) + a(s))g_{mN}(s)} \cdot D(s)\exp(Ls) \end{aligned} \tag{7.31}$$

である。$F_0(s)$ が定まるための必要十分条件は

$$D(s)\exp(Ls) = 1 \tag{7.32}$$

(7.32) 式であり, 入力タイミング補償要素 $D(s)$ は

$$D(s) = \exp(-Ls) \tag{7.33}$$

でなければならない。 □

フィードフォワード補償を施せば, 制御対象のむだ時間要素がフィーバック系の外に移り, タイミング時間に置き換えられる結果になる。

並列した m 個のスカラー系 $(i=1,2,...,m)$ について，入力タイミング要素 $D_i(s)$ を設け，そのタイミング時間を L_i とし，その最大値を $L_{\rm imax}$ とする。

さらに目標値入力 $r_{\rm 0i}(s)$ とフィードフォワード入力 $r_{\rm fi}(s)$ との間に調整時間 δD_i をもつタイミング調整要素 $\delta D_i(s)$ を設ける。

定理 7.3. 並列したフィードフォワード補償のタイミング

調整時間 δD_i を

$$\delta D_i = L_{\rm imax} - L_i \tag{7.34}$$

とすれば，全体系の目標値入力 $r_{\rm 0i}(s)$ とフィードバック目標値入力 $r_{\rm i}(s)$ との時間差は一定値 $L_{\rm imax}$ となる。 □

証明. タイミング調整時間 $L_{\rm Li}$ から，各系のタイミング時間は

$$\delta D_i + L_i = L_{\rm imax} \tag{7.35}$$

で一定値である。 □

タイミング調整要素によって各系のタイミング時間が統一でき，フィードバック系の目標値入力時刻が各系とも同一値に指定可能となる。フィードバック目標値入力に出力が即応することになり，実用的な構成と考える。

7.4 非干渉化直列補償器

前置直列補償器によって多入出力むだ時間系の制御対象を非干渉化する。線形多入出力系については最小次元の非干渉化直列補償器 [45] [47] が存在する。その概要を次に示す。

補題 7.2. 対角行列分解

伝達関数行列あるいは多項式行列を $K(s)$ は，$K_{\rm diag1}(s)$，$K_{\rm diag2}(s)$ を対角行列 $K_0(s)$ を骨格行列としたとき

$$K(s) = K_{\rm diag2}(s)K_0(s)K_{\rm diag1}(s) \tag{7.36}$$

の形に分解できる。対角行列はむだ時間項，有理多項式あるいは多項式を要素にもつ。（証明略） □

補題 7.3. 対角行列分解と骨格行列

伝達関数行列 *G(s)* を対角行列分解してえられる骨格行列 $G_0(s)$ について，$g_{0d}(s)$ を共通分母多項式 $G_{0n}(s)$ を多項式行列とすれば，

$$G(s) = G_{\rm diag2}(s) G_0(s) G_{\rm diag1}(s) \tag{7.37}$$

$$G_0(s) = \frac{G_{0n}(s)}{g_{0d}(s)} \tag{7.38}$$

であって，伝達関数行列 *G(s)* は

$$\begin{aligned} G(s) = \frac{1}{g_{0d}} [G_{\rm diag2}(s) G_{\rm 0ndiag2}(s)] \cdot \\ G_{\rm 0n0}(s) \cdot [G_{\rm 0ndiag1}(s) G_{\rm diag1}(s)] \end{aligned} \tag{7.39}$$

の形の対角行列分解ができる。$G_{\rm 0n0}(s)$ は骨格行列となる最小次数の多項式行列であり，他の行列は対角行列である。（証明略） □

補題 7.4. 多項式行列の安定化逆行列

多項式行列 $J(s)$ の逆行列 ${\rm inv}(J(s))$ について余因子行列 ${\rm adj}J(s)$，行列式 ${\rm det}J(s)$ としたとき，行列式 ${\rm det}J(s)$ の根を虚軸鏡像化してえられる多項式 ${\rm det}J_{\rm Plus}(s)$ とすれば，伝達関数行列 $[{\rm adj}J(s)/{\rm det}J_{\rm Plus}(s)]$ は安定化逆行列である。多項式行列 $J(s)$ とその安定化逆行列との積は単位行列または全域通過関数行列である。

$$J(s) \frac{{\rm adj}J(s)}{{\rm det}J_{\rm Plus}(s)} = I \cdot \frac{{\rm det}J(s)}{{\rm det}J_{\rm Plus}(s)} \tag{7.40}$$

（証明略） □

[非干渉化直列補償器]

対角行列 $[G_{\rm 0ndiag1}(s) G_{\rm diag1}(s)]$ の逆行列が安定でプロパーな要素をもつならば，非干渉化直列補償器 $G_{\rm dcp}(s)$ は

$$\begin{aligned} G_{\rm dcp}(s) = G_k \cdot {\rm inv}([G_{\rm 0ndiag1}(s) G_{\rm diag1}(s)]) \cdot \\ \frac{{\rm adj}G_{\rm 0n0}(s)}{{\rm det}G_{\rm 0n0Plus}(s)} \end{aligned} \tag{7.41}$$

で与えられ，最小次数の要素をもつ。

非干渉化直列補償を施した制御対象は対角化されて，

$$G(s)G_{\mathrm{dcp}}(s) = \frac{G_k}{g_{0\mathrm{d}}(s)} \cdot [G_{\mathrm{diag2}}(s)G_{0\mathrm{ndiag2}}(s)] \cdot \frac{\det G_{0n0}(s)}{\det G_{0n0Plus}(s)} \tag{7.42}$$

である。（証明略） □

多入出力のむだ時間系制御のために制御対象の骨格多項式行列に着目して，安定，プロパーな非干渉化直列補償器を求め，要素を最小次数とすることができる。

7.5　多入出力むだ時間制御系の設計手順

設計手順は非干渉化直列補償器（step1, 2），最小位相状態制御系（step3, 4），フィードフォワード補償（step5, 6）の３段階からなる。

step1 制御対象の伝達関数行列から骨格行列を求める。（(7.39) 式）

step2 非干渉化直列補償器を求める。（(7.40)，(7.41), 式）

step3 非干渉化した制御対象を定める。（(7.42) 式）

step4 最小位相状態制御器と観測器を定める。（(6.33), (6.40) 式）

step5 フィードフォワード補償要素を求める。（(7.24) 式）

step6 タイミング補償要素と調整要素を構成する。（(7.25), (7.34) 式）

7.6　数値例

[制御対象]

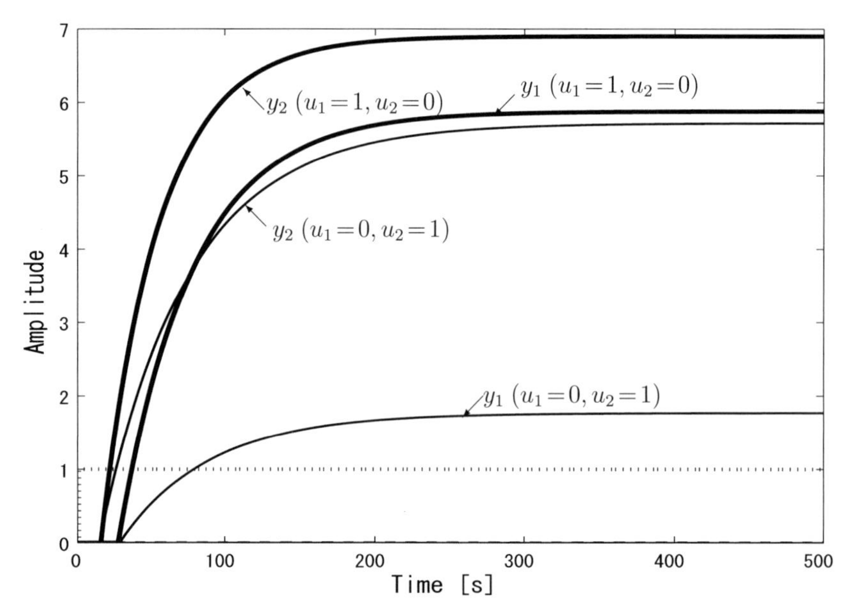

図 7.3: むだ時間のある多入出力制御対象のステップ応答

むだ時間をもつ 2 入力 2 出力系を制御対象 $G(s)$ とする。これは蒸留塔制御の例題 [44] である。

$$G(s) = \begin{bmatrix} \frac{5.88}{50s+1}\exp(-27s) & \frac{1.77}{60s+1}\exp(-28s) \\ \frac{6.90}{40s+1}\exp(-15s) & \frac{5.72}{60s+1}\exp(-14s) \end{bmatrix} \tag{7.43}$$

図 7.3 に制御対象のむだ時間をもつ入出力特性を示す。

7.6.1 非干渉化

[骨格多項式行列と非干渉化直列補償器]

制御対象の伝達関数行列を対角行列，骨格行列および分母多項式を用いて (7.39)

式の形で表す。

$$\text{対角行列：} G_{\text{diag2}} G_{\text{0ndiag2}}(s) =$$
$$\begin{bmatrix} \exp(-27s) & 0 \\ 0 & \exp(-14s) \end{bmatrix} \begin{bmatrix} (40s+1) & 0 \\ 0 & (50s+1) \end{bmatrix} \begin{bmatrix} 1.77 & 0 \\ 0 & 6.90 \end{bmatrix}$$

$$G_{\text{0ndiag1}}(s) G_{\text{diag1}}(s) = \begin{bmatrix} 1 & 0 \\ 0 & 1 \end{bmatrix} \begin{bmatrix} 1 & 0 \\ 0 & \frac{1}{(60s+1)} \end{bmatrix} \tag{7.44}$$

骨格行列：

$$G_{\text{0n0}}(s) = \begin{bmatrix} \frac{5.88}{1.77} & (50s+1)\exp(-s) \\ \exp(-s) & \frac{5.72}{6.90}(40s+1) \end{bmatrix} \tag{7.45}$$

$$g_{\text{0d}}(s) = (50s+1)(40s+1) \tag{7.46}$$

となる。

骨格行列に含まれるむだ時間要素は対角行列要素からの対比を示し，制御対象のむだ時間要素に比較して小さい値となる。本数値例ではむだ時間要素 $\exp(-1s)$ は他の時定数より極めて小さいので 1 次のパデ近似とする。

$$\exp(-1s) \cong \frac{-0.5s+1}{0.5s+1} \tag{7.47}$$

$$g_{0d}(s) = (50s+1)(40s+1)(0.5s+1) \tag{7.48}$$

その結果 骨格行列の近似式として，

$$G_{\text{0n0}}(s) = \begin{bmatrix} \frac{5.88}{1.77}(0.5s+1) & (-0.5s+1)(50s+1) \\ (-0.5s+1) & \frac{5.72}{6.90}(40s+1)(0.5s+1) \end{bmatrix} \tag{7.49}$$

となる。

骨格多項式行列の逆行列は余因子行列 $\text{adj}G_{\text{0n0}}(s)$ および $G_k = 1$,

$$\det G_{\text{0n0}}(s) = 15.0390(s+10.2657)(s+0.3832)(s+0.0296) \tag{7.50}$$

$$\det G_{\text{0n0Plus}}(s) = \det G_{\text{0n0}}(s) \tag{7.51}$$

から定まる。本例では非干渉化の結果非最小位相特性が生ずることはない。

$$\mathrm{inv}(G_{\mathrm{0ndiag1}}(s)G_{\mathrm{diag1}}(s)) = \begin{bmatrix} 1 & 0 \\ 0 & (60s+1) \end{bmatrix} \tag{7.52}$$

は不安定ではない。よって（7.41）式から非干渉化直列補償器 $G_{\mathrm{dcp}}(s)$ がえられる。

$$G_{\mathrm{dcp}}(s) = \frac{\begin{bmatrix} \frac{5.72}{6.90}(40s+1)(0.5s+1) & (0.5s-1)(50s+1) \\ (0.5s-1)(60s+1) & \frac{5.88}{1.77}(0.5s+1)(60s+1) \end{bmatrix}}{15.0390(s+10.2657)(s+0.3832)(s+0.0296)} \tag{7.53}$$

[非干渉化直列補償の結果]

制御対象に非干渉化直列補償を施した結果は,（7.42）式から，並列した2つのスカラー系のむだ時間系になる。

$$G(s)G_{\mathrm{decp}} = \begin{bmatrix} \frac{1.77}{(50s+1))(0.50s+1)}\exp(-27s) & 0 \\ 0 & \frac{(5/4)\cdot 6.90}{(40s+1)(0.50s+1)}\exp(-14s) \end{bmatrix} \tag{7.54}$$

7.6.2　拡張逆関数

全域通過関数 $G_a(s) = \exp(-27s)$ についての拡張逆関数 $Q(s)$ およびフィードフォワード補償要素 $F_0(s)$ を図 7.4 に示す。拡張逆関数の基盤となるおくれ時間を $\exp(-Ls)$, $L = 27 \times 3[s]$ とする。拡張逆関数 $Q(s)$ の精度は $Q(s)G_a(s)$，$\exp(-Ls)$ の両者のステップ応答の差 $\| Q(s)G_a(s) - \exp(-Ls) \|$ からわかる。この場合，立ち上がりの高周波成分を除けば拡張逆関数 $Q(s)$ の精度は高い。$G_a(s) = \exp(-14s)$ についても同様に拡張逆関数およびフィードフォワード補償要素が求められる。

7.6.3 設計値についてのむだ時間制御系

制御対象の実機特性が設計値特性に等しいと仮定した場合の最小位相状態制御によるむだ時間制御系のシミュレーション結果を以下に示す。1入出力系の基本特性とフィードフォワード補償の有無による効果がわかる。

[1入出力系むだ時間制御]

非干渉化後の制御対象の (11) 要素

$$\frac{1.77}{(50s+1))(0.50s+1)}\exp(-27s) \tag{7.55}$$

について，1入出力系のむだ時間制御の目標値応答，外乱応答結果を図 7.5，図 7.6 に示す。

前者は最小位相状態制御によるフィードバック補償のみの場合で，入力 r_1 に対して出力 y_1 はむだ時間 $27[s]$ のおくれをもった目標値応答を実現しており，外乱抑制も良好である。後者はさらにフィードフォワード補償 $F_{01}(s)$ を加えた場合で目標値入力 r_1 に対して出力 y_1 はむだ時間なく即応しており，所期の補償効果が表れている。

[多入出力系の非干渉化むだ時間制御]

多入出力の制御対象（(7.43) 式）を目標値について非干渉化すると並列系（(7.54) 式）がえられる。図 7.7 は MIMO 系のむだ時間制御の結果で，フィードフォワード補償 $F_{01}(s)$，$F_{02}(s)$ が有りの場合である。出力 y_1，y_2 はそれぞれの目標値入力 r_1，r_2 に対して即応した目標値応答を実現しており，所期の非干渉化むだ時間制御の効果が表れている。

外乱に対しては非干渉化されず，むだ時間の影響が大きい。外乱による出力は v_1，v_2 の相互干渉によって1入出力系の場合より増大している。

最小位相状態の観測値と出力（z_{obs1} と y_1，z_{obs2} と y_2）の間にはそれぞれむだ時間（$27[s]$，$14[s]$）が存在するが，出力は目標値 r_1，r_2（$D_1(s)$ および $D_2(s)$ の各出力）に即応している。

タイミング時間 Ł_1，Ł_2，Ł_{imax} はそれぞれ $27 \times 3[s]$，$14 \times 3[s]$，$27 \times 3[s]$ にとる。タイミング調整時間 δD_i はそれぞれ $0[s]$，$27 \times 3 - 14 \times 3 = 39[s]$ とする。その結果，目標値参照入力とフィードバック参照入力との時間差は各スカラー系とも同一の一

定値 $27 \times 3 = 81[s]$ になり，扱い易い構成となる。

7.6.4 多入出力系むだ時間制御のロバスト性

つぎに制御対象の特性変動があるときのロバスト性を検討する。

まず比較のために制御対象の実機特性 $P(s)$ が設計特性 $G(s)$ に等しく，外乱のない条件での結果を示す。図 7.8 では非干渉化された 2 自由度系の，理想状態に近い目標値応答が得られている。むだ時間特性に対するフィードフォワード補償により，各フィードバック系では目標値入力 r_1，r_2 に各出力が即応している。目標値ステップ入力 r_{01}，r_{02} の印加時刻はそれぞれ任意に設定できる。

[特性変動に対する多入出力系むだ時間制御]

実機特性 $P(s)$ が設計特性 $G(s)$ よりもゲイン 20%，おくれ時間 10% 増加したとき，外乱のない場合の入出力時間応答を図 7.9 に示す。フィードフォワード・フィードバック補償により，特性変動がこの範囲であれば出力への影響は限定的である。

外乱がある場合，実機特性 $P(s)$ のゲインとおくれ時間が設計特性 $G(s)$ より 10% 増大したときの入出力時間応答を図 7.10 に示す。外乱は非干渉化されないので影響が大きいが，実機値が設計値から差があっても出力は収束している。

7.6.5 従来法数値例との比較

数値例の制御対象では入力端に等価入力外乱が加えられ，相互干渉して出力に表れる影響を検証できた。

$$Y(s) = G(s)U(s) + G_v(s)V(s) \tag{7.56}$$

$$G_v(s) = G(s) \tag{7.57}$$

数値例について従来法と本法を同一条件のシミュレーションで比較する。

従来法の蒸留塔制御 [12] における制御対象構成では，出力端に等価出力外乱が $G_v(s)$ を経て加えられる。

$$G_v(s) = \begin{bmatrix} \frac{1.44}{(40s+1)} \exp(-27s) \\ \frac{1.83}{(20s+1)} \exp(--15s) \end{bmatrix} \tag{7.58}$$

そして出力フィードバック $F_y(s)$ によるによって閉ループによって，制御対象を定常値非干渉化して積分補償を行う構成である。等価出力外乱があっても出力は零値に収束する。

$$U(s) = F_y(s)Y(s) \tag{7.59}$$

$$F_y(s) = \begin{bmatrix} \frac{0.267(63s+1)}{50s} & \frac{-0.0826(55s+1)}{50s} \\ \frac{-0.3221(63s+1)}{50s} & \frac{0.2745(55s+1)}{50s} \end{bmatrix} \tag{7.60}$$

本法も従来法と同じ制御対象構成とし，シミュレーションを行う。

[出力外乱応答の比較] 図 7.11 は等価出力外乱ステップについての従来法の出力を示す。等価出力外乱の単位ステップが時刻 0 で $G_v(s)$ を経て印加されたときの出力で，目標値の参照入力は零である。図 7.13 は等価出力外乱ステップについての本法の出力を示す。同じく等価出力外乱の単位ステップが時刻 0 で $G_v(s)$ を経て印加されたときの出力で，目標値の参照入力は零である。

従来法に比較して本法の外乱応答出力は，最大値が低く零値に収束するまでの時間がほぼ半減している。

[目標値入力応答の比較] 図 7.12 は目標値の参照入力ステップについて $P(s) = G(s)$ のときの従来法の出力を示す。定常値非干渉化の結果，立ち上がり時に出力に相互干渉が表れる。図 7.14 は目標値の参照入力ステップについて $P(s) = G(s)$ のときの本法の出力を示す。

従来法に比較して本法の目標値入力応答出力は，立ち上がり時間は従来法のほぼ半分に近い。骨格行列非干渉化の結果，立ち上がり時に相互干渉はほぼ零に抑えられている。

従来法では，むだ時間要素をもつ出力からのフィードバックによって閉ループを構成する。閉ループの一巡伝達関数はむだ時間要素を含むのでループゲインを上げることには，安定性から限界がある。本法では最小位相状態から閉ループを構成し，ループゲインをより高くすることが可能である。

7.7 本章のまとめ

本章では伝達関数行列表現での，多入出力むだ時間制御系の設計法とフィードフォワード補償の有効性を示した。

多入出力むだ時間制御系のために非干渉化直列補償器を求め，その要素を最小次数にすることができた。

非干渉化されたむだ時間をもつ各スカラー系に，最小位相状態観測器からのフィードバック補償を行うむだ時間制御系構成とした。

さらに拡張逆関数を用いたフィードフォワード補償を施すと，むだ時間を含む全域通過関数特性が等価的に，フィードバック系の外部の目標値入力側に移ることになった。

制御系構成として入力側のタイミング時間を調整すればフィードバック系の目標値入力時刻を統一した一定値に，指定可能となった。フィードバック系では出力が入力に即応するので，実用に役立つ制御系と考える。

数値例について従来法の多入出力むだ時間制御と対比すると，外乱応答出力は，最大値が低く零値に収束するまでの時間がほぼ半減している。また目標値入力応答出力は，その立ち上がり時間は従来法のほぼ半分に近い。骨格行列非干渉化の結果，立ち上がり時に相互干渉はほぼ零に抑えられる。これらは非干渉化補償と最小位相状態フィードバック制御およびむだ時間についてのフィードフォワード制御の効果を示している。

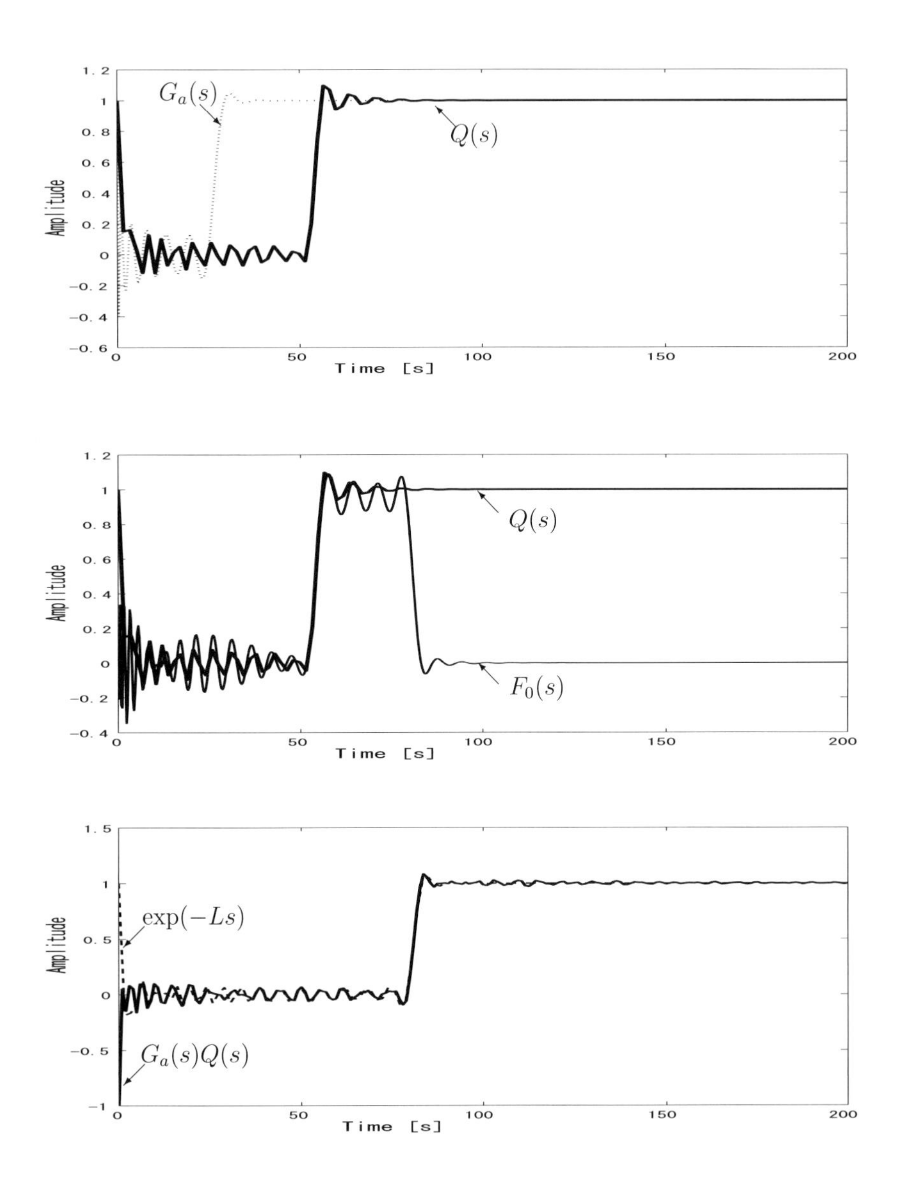

図 7.4: むだ時間である全域通過関数 $G_a(s)$ の拡張逆関数 $Q(s)$ の妥当性

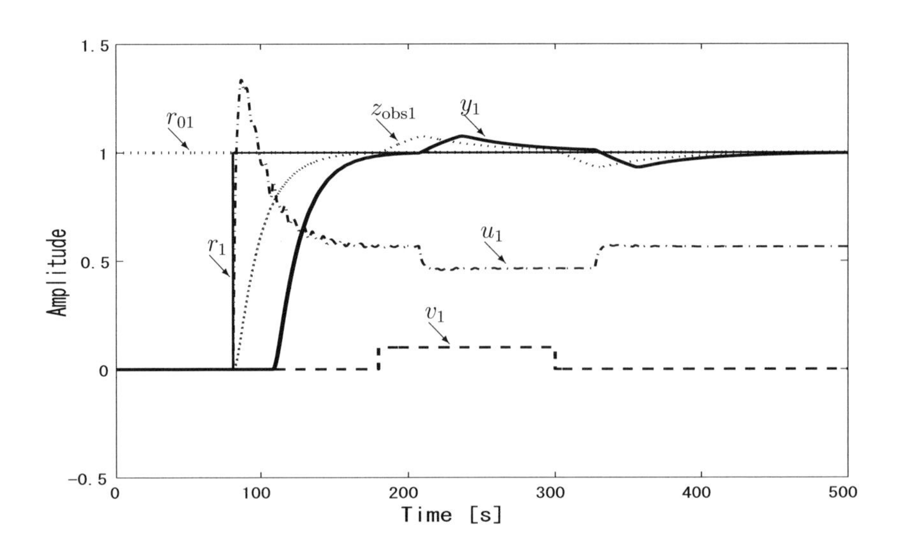

図 7.5: 1 入力 1 出力フィードバック制御系の諸変数：$P(s) = G(s)$ の名目値むだ時間系モデル，外乱ありの場合

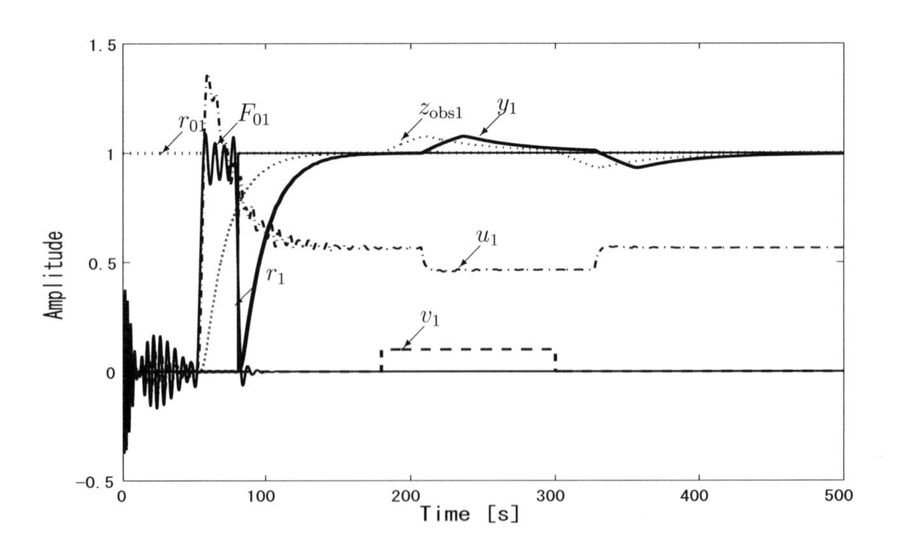

図 7.6: 1 入力 1 出力フィードバック·フィードフォワード制御系の諸変数:$P(s) = G(s)$ の名目値のむだ時間系モデル，外乱ありの場合

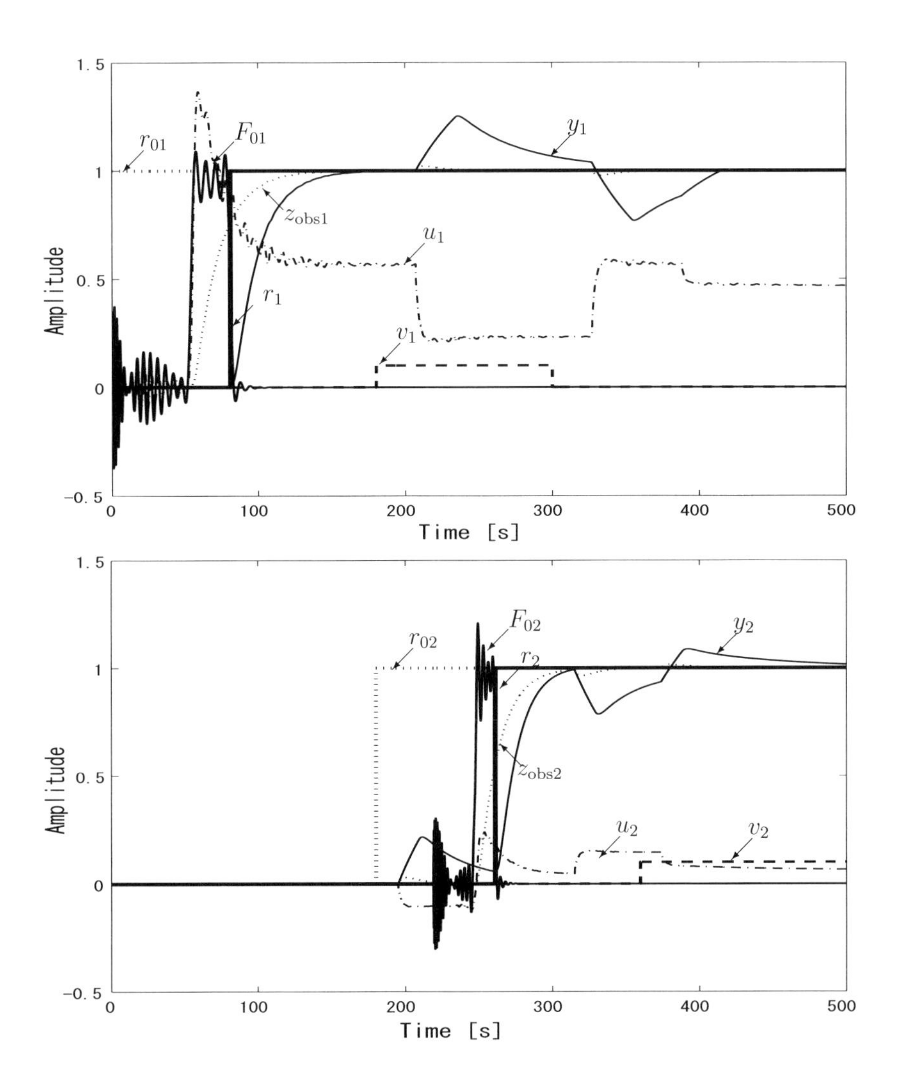

図 7.7: 多入出力フィードバック・フィードフォワード制御系の諸変数：設計モデル $G(s)$ はむだ時間系，外乱ありの場合

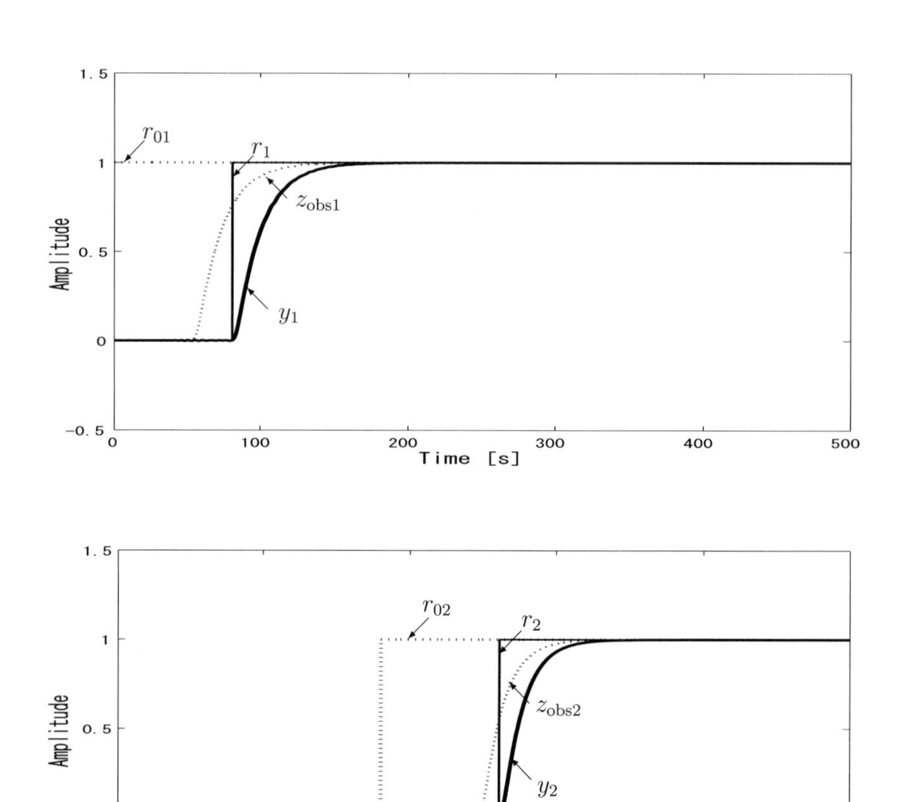

図 7.8: 多入出力フィードバック・フィードフォワード制御系の応答 : 実機モデル $P(s)$ は名目値 $G(s)$ と同じ，設計モデル $G(s)$ はむだ時間系，外乱なしの場合

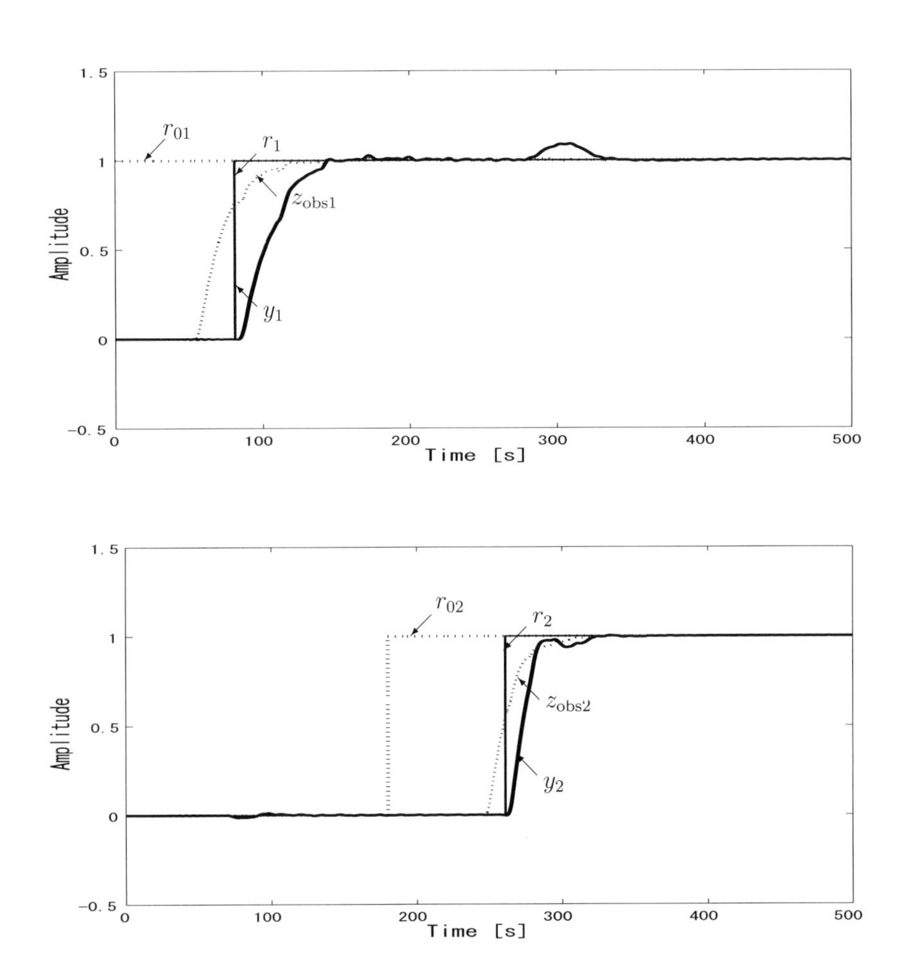

図 7.9: 多入出力フィードバック・フィードフォワード制御系応答のロバスト性：実機モデル $P(s)$ のゲインは名目値 $G(s)$ の 1.2 倍，実機モデル $P(s)$ のむだ時間は名目値 $G(s)$ の 1.1 倍，外乱なしの場合

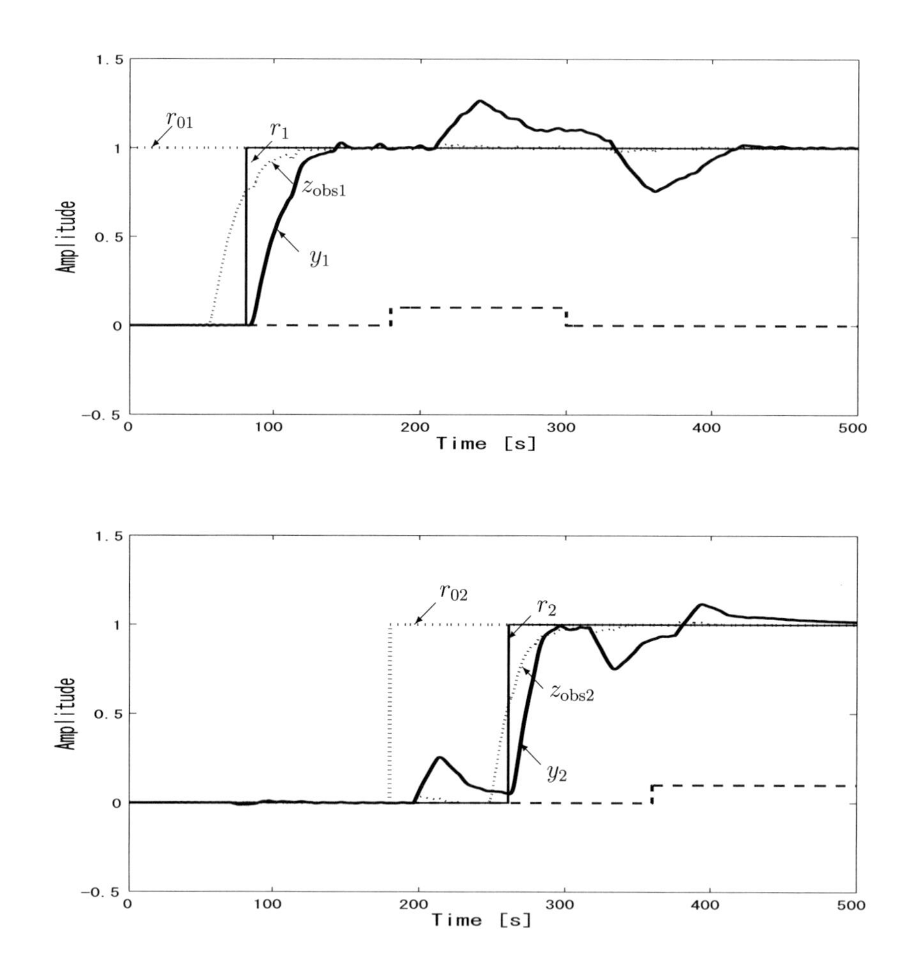

図 7.10: 多入出力フィードバック・フィードフォワード制御系応答のロバスト性：実機モデル $P(s)$ のゲインとむだ時間は共に名目値 $G(s)$ の 1.1 倍，外乱ありの場合

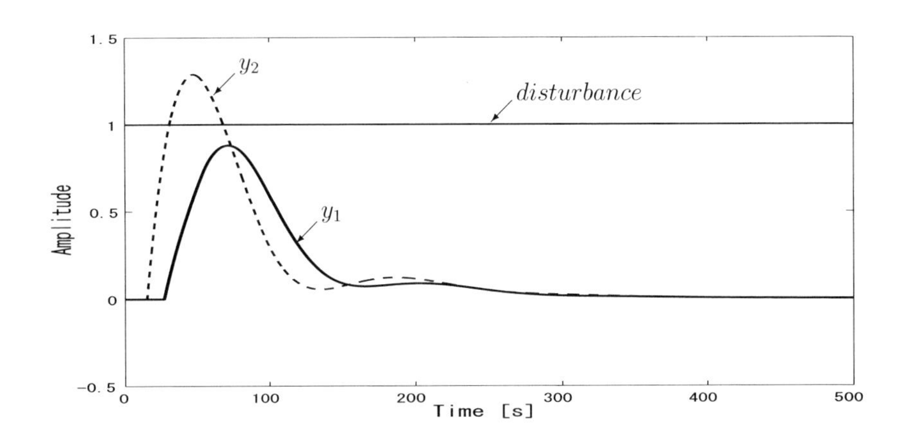

図 7.11: 従来型の多入出力むだ時間制御系の応答：実機モデル $P(s)$ は名目値 $G(s)$ と等しく，ステップ外乱ありの場合

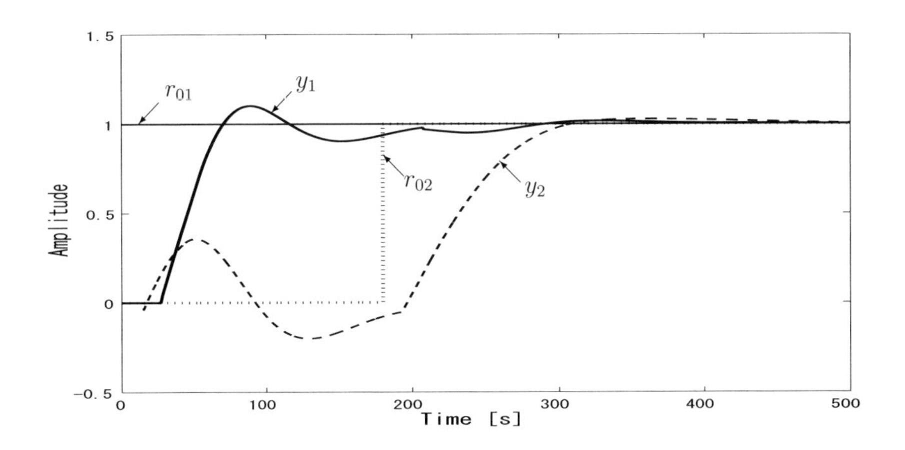

図 7.12: 従来型の多入出力むだ時間制御系の応答：実機モデル $P(s)$ は名目値 $G(s)$ と等しく，目標値ステップ入力ありの場合

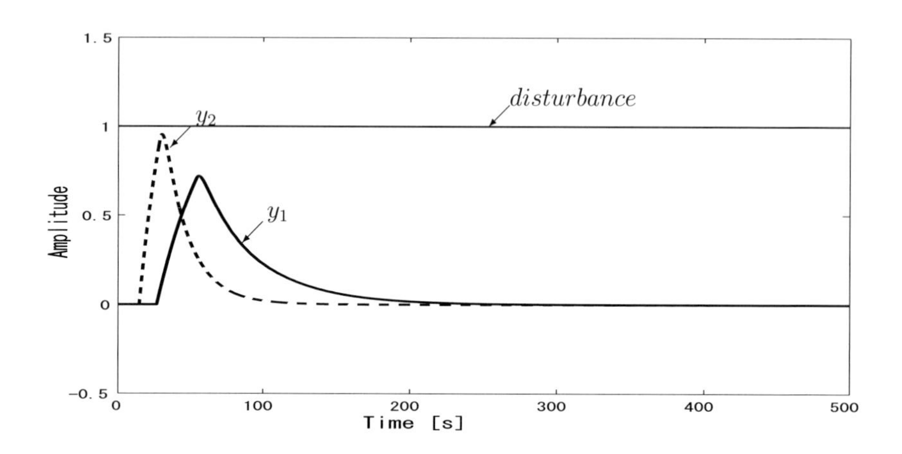

図 7.13: 提案の多入出力非干渉化むだ時間制御系の応答：実機モデル $P(s)$ は名目値 $G(s)$ と等しく，ステップ外乱ありの場合

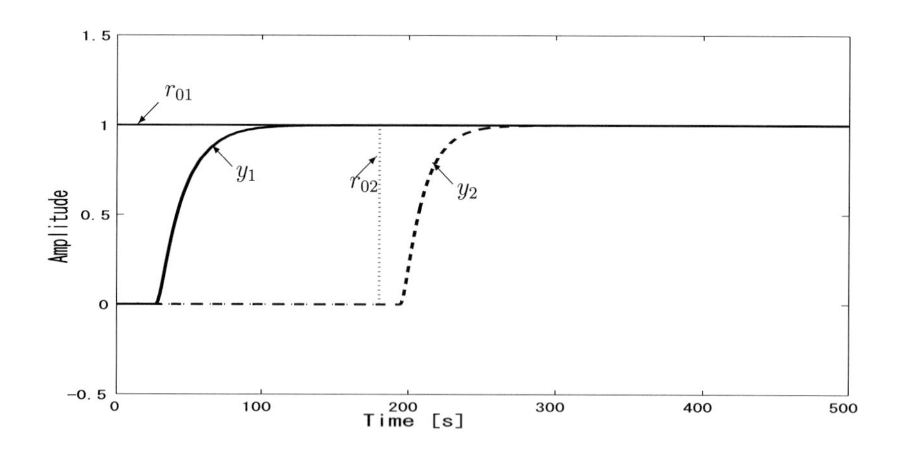

図 7.14: 提案の多入出力非干渉化むだ時間制御系の応答：実機モデル $P(s)$ は名目値 $G(s)$ と等しく，目標値ステップ入力ありの場合

第8章　むすび

8.1　本書の制御系設計法の背景と動機

従来，制御系設計においては2自由度系が重要とされ，フィードバック系の閉ループ特性と入出力特性とをそれぞれ別個に設計することが行われてきた。フィードバック系において評価関数を設定して最適制御とすれば閉ループ特性の安定性を高めることができる。この場合閉ループの伝達特性は評価関数の最適制御設計の結果として与えられるが，逆に閉ループ特性を所与のものとして評価関数を定めることは一般には困難である。このため閉ループ特性を最適に設定する2自由度系は実用上必要とされるが制御設計は必ずしも容易ではない問題点があった。また従来むだ時間系についてスミス法などによる位相進み補償が用いられているが，むだ時間系以外の非最小位相系の伝達特性の右半面零点に対しては近似的なものになる。非最小位相系がもつ伝達特性の右半面零点に対応する制御設計は一般には難しいという問題点があった。

伝達関数による古典制御理論，状態フィードバック制御による現代制御理論として最適制御，H_∞ 制御などは制御対象特性をそれぞれ伝達関数，状態方程式で表している。一方通信設備の濾波器設計理論では通信回路の伝達特性（伝達インピーダンス関数）を最小位相関数・全域通過関数で表すことが行われたが，一般の制御系設計に用いられることはなかった。

むだ時間特性，逆応答特性などの特定の制御対象に対応した伝達特性の特徴は制御対象を最小位相関数・全域通過関数で表した場合には，全域通過関数によって明確に表示できる。伝達関数特性の零点配置と極配置の表現を制御特性の改善に生かすことの重要性を認識し，これを動機として本書の研究を行った。

8.2 制御系設計法のまとめ

表 8.1: 最小位相状態に基づく制御系設計法の特徴についての分類

章	制御系		非最小位相特性		入出力構成	
	最小位相状態フィードバック	全域通過関数フィードフォワード	むだ時間系	逆応答系	1 入力 1 出力	多入出力
2	○	–			○	
3	○	–		○	○	
4	○	–	○		○	
5	○	○		○	○	
6	○	○		○		○
7	○	○	○			○

本書は時不変線形連続時間系について制御対象を最小位相関数と全域通過関数で表わし，伝達関数空間での最小位相状態に基づく状態方程式モデルを提案して，制御系設計を行ったものである。

制御対象の伝達関数を最小位相関数と全域通過関数の縦続接続で表し，前者の出力を内部状態である最小位相状態とし，最小位相状態から全域通過関数を経て制御対象の出力になる状態方程式を想定して扱った。制御系の設計は最小位相状態観測器を用いた最小位相状態制御と全域通過関数制御に分けて考え，前者の最小位相状態フィードバック制御による 2 自由度系の最適制御，ロバスト安定化制御を制御系設計の基本構成とした。

後者の全域通過関数制御については全域通過関数の逆関数を拡張逆関数として求め，これを用いたフィードフォワード補償器によるフィードフォワード制御を行う。フィードフォワード補償は予測制御の機能をもっている。そして両者をあわせた併合制御を 1 入力 1 出力系に適用した。

さらに一般の多入力多出力系については，伝達関数行列の中核となる骨格行列に基づく非干渉化補償器による非干渉化を行い，1 入力 1 出力系の並列系とした。各並列系の最小位相状態フィードバック制御と全域通過関数フィードフォワード制御によって多入力多出力系の２自由度系最適制御，ロバスト安定化制御の制御系設計を一般的に行うことができた。

表 8.1 に本書の各章において検討した制御系，制御対象の特徴を一覧として示した。

１章 序論では，制御対象における状態 (state) の条件について考察して，入出力を逆転する可逆性をもつ最小位相状態を導入できることを示した。最小位相状態からのフィードバック構成の制御系を概説し，さらに全域通過関数制御をフィードフォワード構成で実現することを述べた。

２章「最小位相状態制御系の最適性とロバスト安定性」

制御系設計において従来，フィードバック系の評価関数を設定して最適制御とすれば閉ループ特性が定まり安定性を高められる。２自由度系では閉ループ特性を予め設定することが必要であるが，最適制御では一般には困難で実用上重要な２自由度系設計は必ずしも容易ではなかった。

本書では最小位相状態の観測器・制御器から成る最小位相状態制御系の構成を提案し，目標閉ループ特性と最小位相関数との偏差フィードバック系が最適性をもつ条件をカルマン方程式を通して示した。

この最適性の条件は制御対象の最小位相状態に基づくフィードバックによって可能となったものであり，目標閉ループ特性を指定した上で最適性を実現する効果は，実用上大きいと考える。そしてロバスト安定性の条件を閉ループ系の相補感度関数から求め，制御対象の特性変動の範囲が予想されるとき，閉ループ特性多項式と最小位相状態観測器の特性多項式の零点配置を設計パラメータとしてロバスト安定性を保持する設計法を示した。

数値例ではおくれ時間制御系の最適性とロバスト安定性の制御設計を示し，最小位相状態観測器が加わった場合に制御性能の保持が充分可能なことを示した。

３章「最小位相状態制御系の設計例」

基本原理に基づいて最小位相状態制御系の制御系要素を求める手順の実際を，典型的な制御対象である逆応答系の例題について示したものである。

４章「大きいむだ時間をもつ系の最小位相状態観測・制御器の設計」

従来，むだ時間系の制御ではスミス予測器制御(Smith predictor control)，改良スミス予測器制御(MSP modifie Smith predictor control)，内部モデル制御（IMC），H_∞ 制御による状態予測制御などが行われているが入出力応答特性の改善，外乱の抑制は充分とはいえなかった。特に制御対象がむだ時間をもつ不安定系である場合，積分特性をもつ場合，遅れ時定数に比べてむだ時間が大きい場合などがむだ時間制御を難しくする問題点であった。

本書ではそこでむだ時間をもつ制御対象の伝達特性を最小位相関数・全域通過関数に分解してむだ時間特性は全域通過関数によって表し，最小位相状態に全域通過関数が縦続接続したものを全体系の出力とした。むだ時間特性はゲイン１の全域通過関数であり最小位相状態フィードバック系の外部にあるので，閉ループ系の安定性，最適性に原理的に影響を及ぼさない。状態観測器の影響は存在するが，目標値応答，外乱抑制へのむだ時間の悪影響が軽減する。その結果，最小位相状態観測・制御器によって，大きいむだ時間系などの従来困難であったむだ制御が簡明な構成で，速応性とロバスト性のある外乱抑制をもつ系で可能となった。

数値例では改良スミス予測器制御(MSP)による従来法のむだ時間制御系は外乱オブザーバによって外乱抑制は改良されたが，目標値応答は充分とはいえない。本書の方法では２自由度系の目標値応答の速応性が改善され，ロバスト性をもった外乱抑制との両立が可能となった。

５章「拡張逆関数をもちいたフィードフォワードによる非最小位相系制御」

フィードバック制御は制御系の極配置を設計することができるが，零点を動かすことはできない。したがって零点が不安定領域に存在する非最小位相特性を改善するには，フィードバック制御だけでは難しい。フィードフォワード制御によることになる。そのためには制御対象の入出力を逆転した逆関数が陽に必要となる。

逆関数として拡張逆関数を導入し，非最小位相特性の構成する全域通過関数の逆関数を陽な形で求めた。つぎにこの拡張逆関数を用いて，制御対象の全域通過関数を補償するフィードフォワード制御とこれを施す予測時間のタイミング補償を求めた。フィードフォワード制御により，全域通過関数が入力タイミング補償要素のおくれ時間に置き換えられる構成となった。その結果，フィードフォワードとフィードバックの併合制御からなる非最小位相系制御を構成できた。

数値例では逆応答系の応答初期にアンダーシューティングが発生するが，従来の報告には直接に対処する制御法は見当たらないようである。本書の全域通過関数の拡張逆関数によるフィードフォワード制御では，非最小位相系の逆応答特性を直接的に抑制する効果が生じた。

６章「非干渉化とフィードフォワード補償による多入出力最小位相状態制御系の設計」

制御対象の伝達関数行列について，従来の逆行列を基にする非干渉化直列補償器はその各要素が安定，プロパーである必要条件があり，導出が難しい場合があった。また非干渉化に伴って原系にはない非最小位相特性が新たに生じる場合がある。非最小位相特性はフィードバック制御では補償できないので入出力特性に非最小位相特性が残るという問題点があった。

そこで入出力同数の制御対象の伝達関数行列について，対角行列を分離した残りの骨格行列に着目した，非干渉化直列補償器の新しい構成方法を示した。非干渉化の結果，並列系のスカラー系がえられるので，それぞれの最小位相状態を観測して最小位相状態制御を施した。逆応答などの非最小位相特性をスカラー系がもつときにはさらに，フィードフォワード補償を加えて非最小位相特性を抑制することができた。非干渉化してえられた各１入出力系に最小位相状態制御系を適用して，２自由度の目標特性と非干渉化に伴って生ずる非最小位相特性を補正するフィードフォワード補償を可能にした。

数値例では多入出力系としてアンダーシューティング特性をもつ２入力２出力系について，骨格行列によって非干渉化を行った。本来のアンダーシューティング特性と非干渉化の結果生じた非最小位相特性を，フィードフォワード制御によって補償した。アンダーシューティング特性をあらかじめ設定した予測時間に置き換える応答特性を実現して実用性に配慮できた。

７章「フィードフォワード補償をもちいた多入出力むだ時間制御系の設計」

伝達関数行列表現での多入出力むだ時間制御系を設計し，フィードフォワード補償の有効性を示した。制御対象がもつ全域通過関数がむだ時間要素である場合，単純化された拡張逆関数とフィードフォワード補償の多入出力むだ時間系がえられた。非干渉化されたむだ時間系に，最小位相状態観測器からのフィードバック補償を行い，拡張逆関数を用いたフィードフォワード補償を施して，むだ時間を含む全域通過関数特性が等価的にフィードバック系の外部の目標値入力側に移る構成とした。制御系構成として入力側の予測制御のタイミング時間を調整すればフィードバック系の目標値入力時刻を統一した一定値に，指定可能となった。フィードバック系では出力が入力に即応するので，実用性に配慮できたと考える。

数値例について従来法の多入出力むだ時間制御と対比すると，外乱応答出力は，最大値が低く零値に収束するまでの時間がほぼ半減している。また目標値入力応答出力は，立ち上がり時間は従来法のほぼ半分に近い。骨格行列非干渉化の結果，立ち上がり時に相互干渉はほぼ零に抑えられ，非干渉化補償と最小位相状態フィードバック制御およびむだ時間についてのフィードフォワード制御の効果を示している。

8.3　結言

これまでの検討によって，最適性をもった２自由度制御，むだ時間制御，逆応答制御，多入出力逆応答制御などの従来取り扱いの難しかった設計問題は，制御対象の最小位相状態とそれらの全域通過関数に分離することによって改善され，見通しの良い解法が可能となった。多入出力系についても非干渉化した最小位相状態と全域通過関数の組み合わせによって制御対象を扱うことにより，制御系設計法を統一的な手法で構築することができた。

設計計算は，多項式代数方程式を用いる多項式代数法であるので実施が容易で効率的である。

本書では時不変の線形連続時間系について，最小位相関数と全域通過関数からなる制御対象の構成と内部の最小位相状態と全域通過関数逆関数に基づく，最適制御，非最小位相制御の制御系設計方法を明らかにした。これらの新たな制御法により，線形連続時間系の制御対象に対して統一的なフィードバック制御，フィードフォワード制御設計が可能になった。

今後の課題として，最小位相系ではあるが制御が難しいとされる反共振特性をもった２慣性系の制御問題などについて，本書の最小位相状態制御系の設計法の適用が可能と考えられる。

謝　辞

首都大学東京および東京都立科学技術大学において，三菱重工業㈱定年退職後に十数年の歳月にわたり研究生として，さらに学位論文審査の主査および委員としてご指導とご教示をいただいた首都大学東京大学院システムデザイン研究科森泰親教授，同児島晃教授，そして最初に研究生として受け入れて下さった都立科学技術大学電子システム工学科石島辰太郎教授（元東京都立科学技術大学学長，現産業技術大学院大学学長）の諸先生に，衷心より感謝と御礼を申し上げます。

また学位論文審査を通じてご指導とご教示をいただいた東京工業大学大学院理工学研究科機械制御システム専攻三平満司教授，首都大学東京大学院システムデザイン研究科増田士朗准教授の両先生に感謝申し上げます。

歴代の森研究室，児島研究室ならびに石島・児島研究室の多くの大学院在籍の諸氏から幾多の啓発とご援助をいただいたことを思い，深く感謝いたします。特に博士課程に在籍された原尚之氏，泉智紀氏両博士に御礼申し上げます。

一貫して関心を持ち続けた「制御系設計法」を学位論文にまとめる過程で、多数の方々から理解と協力をいただいたことを思い、改めて深く感謝いたします。

2009年３月記

参考文献

[1] 北森俊行:「制御対象の部分的知識に基づく制御系の設計法」，計測自動制御学会論文集，Vol.15, No.4, pp.549-555 (1979)

[2] 須田信英 :「PID 制御」，朝倉書店 (1992)

[3] 美多 勉 :「H_∞ 制御」，昭晃堂 (1994) (1, 2, 7, 8 章)

[4] K.Zhou, J.C.Doyle, K.Glover : *Robust and Optimal Control*, Prentice-Hall (1996) (chap.4, 9)

[5] O.J.M.Smith : "Closer Control of Loop with Dead time", *Chem. Eng. Progress*, Vol.53, No.5, pp.217-219 (1957)

[6] M.Morari, E.Zafirio : *Robust Process Control*, Prentice-Hall (1998) (chap.10, 12)

[7] H.W.Bode, 喜安善一訳 :「回路網と帰還の理論」，岩波書店 (1955) (11 章)

[8] 片山 徹 : 「フィードバック制御の基礎」，朝倉書店 (1987) (5 章)

[9] L.A.Zadeh, C.A.Desoer : *Linear System Theory - The State Space Approach*, McGraw-Hill (1963) (chap.1, 5)

[10] M.Vidyasagar : *Control System Synthsis: A Factorization Approach*, MIT Press (1985) (chap.2)

[11] T. Kailath : *Linear Systems*, Prentice-Hall (1979)

[12] T.Glad, L.Ljung : *Control Theory Multivariable and Nonlinear Methods*, pp.226-228, Taylor& Francis (2000) (chap.4)

[13] 大友泰紀，児島　晃：「H_∞ 予見制御法とその回転型２慣性系への応用」，第７回計測自動制御学会制御部門大会, **75-1-1** (2007)

[14] 市川洋資，児島　晃：「むだ時間系の H_∞ ループ整形設計法：数値例を用いた検討」，第７回計測自動制御学会制御部門大会, **85-1-2** (2007)

[15] Y.Aoki, A.Kojima : "Experimental Evaluation of H_∞ Preview Control: Application to Inverted Pendulum System", SICE Anual Conference 2005, **MP1-10-1** (2005)

[16] 児島　晃：「予見フィードフォワード補償と H_2 制御」，計測自動制御学会論文集, Vol.41, No.4, pp.300-306 (2005)

[17] 木村英紀，藤井隆雄，森 武宏：「ロバスト制御」，コロナ社 (1994)

[18] 古田勝久，佐野 昭：「基礎システム理論」，コロナ社 (1978) (5 章)

[19] 伊藤正美，木村英紀，細江繁幸：「線形制御系の設計理論」，計測自動制御学会 (1978) (3 章)

[20] W.R.Perkins, J.B.Cruz Jr. : "Feedback Properties of Linear Regulators", *IEEE Trans. Automat. Contr.*, Vol.AC-16, pp.659-664 (1971)

[21] 小郷 寛，美多 勉：「システム制御理論入門」，実教出版 (1979)

[22] B.D.O.Anderson, J.B.More : *Optimal Control, Linear Quadratic Methods*, Prentice Hall (1990)

[23] 都丸 隆夫：「厳密モデルマッチングの代数的解法の一方法」, 計測自動制御学会論文集, Vol.34, No.4, pp.340-342 (1998)

[24] 都丸 隆夫，森 泰親：「大きいむだ時間をもつ系の最小位相状態観測・制御器の設計」，電気学会論文誌, Vol.126-C, No.9, pp.1152-1158 (2006)

[25] 都丸 隆夫，森 泰親：「最小位相状態制御系のロバスト安定性」, 第４９回自動制御連合講演会, **SU1-1-6** (2006)

[26] 都丸 隆夫，森 泰親：「最小位相状態についての直列補償単一フィードバック制御系の最適性とロバスト安定性」, 第７回制御部門大会, **75-2-2** (2007)

[27] O.J.Smith : ”A Controller to Overcome Dead Time,” *ISA J.*, Vol.6, No.2, pp.28-33 (1959)

[28] K.Watanabe, M.Ito : ”A Process-model Control for Linear Systems with Delay,” *IEEE Trans.Automat.Contr.*, Vol.AC-26, pp.1261-1269 (1981)

[29] M.R.Stojic, M.S.Matijevic, L.S.Draganovic : “A Robust Smith Predictor Modifie by Internal Models for Integrating Process with Dead Time,” *IEEE Trans.Automat.Contr.*, Vol.AC-46, pp.1293-1298 (2001)

[30] G. Meinsma, H. Zwart : “On H_∞ Control for Dead-Time Systems,” *IEEE Trans.Automat.Contr.*, Vol.AC-45, pp.272-285 (2000)

[31] 渡部 慶二： 「むだ時間システムの制御」, 計測自動制御学会 (1993) (2, 3 章)

[32] A.Kojima, S.Ishijima : “Formulas on Preview and Delayed H_∞ Control” : *IEEE Trans. Automat.Contr.*, Vol.AC-51, pp.1920-1937 (2006)

[33] 阿部直人，児島　晃：「むだ時間系・分布定数系の制御」，コロナ社（2007） (2, 3 章)

[34] 森 泰親：「制御工学」，コロナ社（2001）

[35] 都丸 隆夫，森 泰親：「非最小位相系の観測 –最小位相関数オブザーバの設計–」, 第４７回自動制御連合講演会， **925** (2004)

[36] 都丸隆夫，森　泰親：「最小位相状態制御系の最適性とロバスト安定性」，電気学会論文誌，Vol. 128-C, No.2, 295-302 (2008),

[37] 早勢 実，市川邦彦：「目標値の未来値を最適に利用する追値制御」，計測自動制御学会論文集，Vol.5, No.1, pp.84-96 (1969)

[38] A.Piazzi, A.Visioli : "Using Stable Input-output Inversion for Minimum-time Feed-forward Constrained Regulation of Scalar Systems", *Automatica* Vol.41, pp.305-313 (2005).

[39] 都丸 隆夫，森 泰親：「最小位相状態についてのフィードフォワードによる非最小位相系制御」，第４８回自動制御連合講演会， **D2-11** (2005)

[40] 都丸 隆夫，森 泰親：「全域通過関数の逆関数とフィードフォワード制御への適用」，第６回計測自動制御学会制御部門大会， **02-5** (2006)

[41] P.L.Falb, W.A.Wolovich : "Decoupling in the Design and Synthesis of Multivariable Control Systems", *IEEE Trans. Automat. Contr.*, Vol.AC-12, No.6, pp.651-659 (1967)

[42] E.G.Gilbert : "The Decoupling of Multivariable Systems by State Feedback", *SIAM J. Control*, Vol.7, No.1, pp.50-63 (1969)

[43] Ching-An Lin, Tung-Fu Hsieh : "Decoupling Controller Design for Linear Multivariable Plants", *IEEE Trans. on Automat. Contr.*, Vol.AC-36, No.4, pp.485-489 (1991)

[44] T.Glad, L.Ljung : *Control Theory*, Taylor & Francis (2000) (pp.52)

[45] T.Tomaru, Y.Mori : "Design Method of Minimum-Phase State Decoupling Control with Feedforward Compensation", *SICE Annual Conference 2007*, **1C07** (2007)

[46] 都丸隆夫，森泰親：「拡張逆関数をもちいたフィードフォワードによる非最小位相系制御」，電気学会論文誌，Vol.127-C, No.8, pp.1228-1233 (2007)

[47] 都丸隆夫，森　泰親：「非干渉化とフィードフォワード補償による
多入出力最小位相状態制御系の設計」，電気学会論文誌，Vol.129-C, No.1, pp.164-171 (2009-1)

[48] Q.G.Wang, Y.Zhang, M.S.Chiu : "Decoupling Internal Model Control for Multivariable Systems with Multiple Time Delays" *Chemical Engineering Science*, Vol.57, pp.115-124 (2002)

[49] 都丸隆夫，森　泰親：「フィードフォワード補償をもちいたむだ時間制御系の設計」，第 50 回自動制御連合講演会, **721** (2007)

[50] 都丸隆夫，森　泰親：「フィードフォワード補償をもちいた多入出力むだ時間制御系の設計」，電気学会論文誌，Vol.129-C, No.1, pp.172-180 (2009-1)

索引

都丸　隆夫（とまる　たかお）

1936年12月　群馬県沼田市に生まれる
　群馬県立沼田高等学校を経て
1960年　東京大学工学部応用物理学科（計測コース）卒業
1962年　同大学院修士課程修了
　工業技術院電気試験所（電子技術総合研究所）に入所する
1968～1969年　スタンフォード大学電子工学研究所留学
1971年　三菱重工業㈱に入社
　技術管理部、広島研究所、名古屋研修所にて主として制御技術の研究開発に従事する
　退職後、自宅・日野市にある東京都立科学技術大学（現、首都大学東京・日野キャンパス）の研究生となり制御系設計法の研究を行う
2009年３月　首都大学東京より博士（工学）の学位を授与される
2015年12月　永眠

最小位相状態に基づく線形制御系設計

2016年５月３日　初版発行

著　者　都 丸 隆 夫
発行者　中 田 典 昭
発行所　東京図書出版
発売元　株式会社 リフレ出版
　〒113-0021　東京都文京区本駒込 3-10-4
　電話 (03)3823-9171　FAX 0120-41-8080
印　刷　株式会社 ブレイン

ISBN978-4-86223-960-0 C3053
Printed in Japan 2016
落丁・乱丁はお取替えいたします。

ご意見、ご感想をお寄せ下さい。

［宛先］〒113-0021　東京都文京区本駒込 3-10-4
　東京図書出版